# 之江匠心

汤兆武　贾文胜　主编

《之江匠心》编写组　编著

ZHEJIANG UNIVERSITY PRESS
浙江大学出版社
·杭州·

## 《之江匠心》编委会



## 《之江匠心》编写组

# 前　言

党的二十大提出，要建设现代化产业体系，推进新型工业化，加快建设制造强国。当今世界正经历百年未有之大变局，新一轮科技革命和产业革命加快重塑世界，我们正开启以中国式现代化全面推进中华民族伟大复兴、向第二个百年奋斗目标进军的新征程。制造强国和中国式现代化不仅需要大批尖端高科技人才，同样也需要大批高素质技能型人才。党的二十大强调，教育、科技、人才是全面建设社会主义现代化国家的基础性、战略性支撑。培养大国工匠、培育工匠精神是职业教育的时代价值与核心要义，更是实现从制造大国向制造强国转变的关键。办什么样的职业教育，如何办好职业教育，培育什么样的大国工匠，如何传承工匠精神，这既是教育之问、时代之问，也是教育之责、时代之责。

党的十八大以来，习近平总书记高度重视职业教育工作，对职业教育发展作出了一系列重要指示批示，就工匠精神的传承与大国工匠的培养发表了一系列重要论述。习近平总书记强调，大力弘扬劳模精神、劳动精神、工匠精神。劳模精神、劳动精神、工匠精神是以爱国主义为核心的民族精神和以改革创新为核心的时代精神的生动体现，是以伟大建党精神为源头的中国共产党人精神谱系的重要组成部分，是鼓舞全党全国各族人民风雨无阻、勇敢前进的强大精神动力，在新征程上将展现出巨大的引领价值。

浙江素有“百工之乡”的美誉，源远流长的工匠精神养育了一代又一代勤劳勇敢、敢为天下先的浙江人。浙江作为中国革命红船起航地、改革开放先行地、习近平新时代中国特色社会主义思想重要萌发地，肩负着建设新时代全面展示中国特色社会主义制度优越性“重要窗口”的神圣使命。落实习近平总书记关于职业教育的重要论述和重大实践进教材、进课堂、进头脑，是深入推进习近平新时代中国特色社会主义思想铸魂育人的重要举措，是大力发展职业教育，培育大国工匠和能工巧匠，推动构建技能型社会的客观需要，更是建设“技能浙江”、实现“两个先行”的现实之需。

《之江匠心》教材坚持以习近平新时代中国特色社会主义思想为指导，全面贯彻党的教育方针，深入落实习近平总书记关于职业教育和弘扬工匠精神的重要论述；立足立德树人根本任务，坚持遵循职业教育教学规律，引导职业院校学生坚定理想信念，加强道德修养，厚植爱国情怀，砥砺奋斗精神，赓续红色根脉。教材以育匠心、铸匠才、建设技能强省、服务高质量发展为主题，架构“大国工匠　之江先行”“明德敬业　之江匠心”“德技并修　之江匠才”“卓越创新　之江示范”“技能强省　之江有我”五大板块，为职业院校学生提供主题鲜明、实效浸润的思政教材。教材以科学的职教理论、鲜活的实践素材、鲜明的时代主题回答了关于大国工匠培养的教育之问与时代之问。

《之江匠心》力求以政治高度定向，培根铸魂，充分体现思想味；以育人深度定标，启智增慧，充分体现教育味；以精品厚度定位，精益求精，充分体现职业味；以融合宽度定调，求真务实，充分体现浙江味；以先行力度定格，走在前列，充分体现时代味。《之江匠心》将引导激励职业院校的学子们踔厉奋发、勇毅前行，在建设“技能浙江”、实现“两个先行”的伟大实践中，共筑工匠精神的浙江特质，续写职教发展的绚丽篇章。

# 目　录

# 导 论

党的二十大报告提出了加快建设教育强国的战略目标和加快建设高质量教育体系的具体要求，把大国工匠和高技能人才纳入国家战略性人才。习近平总书记多次强调，要培养更多高素质技术技能人才、能工巧匠、大国工匠。在建设教育强国的新征程中，职业教育大有可为。

匠心筑梦，技能报国。新时代青年当不负新时代，为强国建设、民族复兴伟业贡献智慧和力量，朝着成为有理想、敢担当、能吃苦、肯奋斗的新时代大国工匠和能工巧匠的方向不懈努力。

之 江 匠 心

## 本章要点

1. 在全面建设社会主义现代化国家新征程中，职业教育前途广阔、大有作为。职业教育与经济社会发展紧密相连，对促进就业创业、助力社会经济发展、增进人民福祉具有重要意义。要完善现代职业教育制度，创新各层次各类型职业教育模式，为劳动者成长创造良好条件。

2. 时代发展，需要大国工匠；迈向新征程，需要大力弘扬工匠精神。要建设知识型、技能型、创新型劳动者大军，弘扬劳模精神和工匠精神，营造劳动光荣的社会风尚和精益求精的敬业风气。

3. 劳模精神、劳动精神、工匠精神是以爱国主义为核心的民族精神和以改革创新为核心的时代精神的生动体现，是鼓舞全党全国各族人民风雨无阻、勇敢前进的强大精神动力。

当今世界的竞争，根本上是人才竞争和教育竞争。党的二十大报告强调，教育、科技、人才是全面建设社会主义现代化国家的基础性、战略性支撑。要办好人民满意的教育，全面贯彻党的教育方针，落实立德树人根本任务，培养德智体美劳全面发展的社会主义建设者和接班人，加快建设高质量教育体系。党的十八大以来，习近平总书记多次就发展职业教育作出重要指示："在全面建设社会主义现代化国家新征程中，职业教育前途广阔、大有可为。要坚持党的领导，坚持正确办学方向，坚持立德树人，优化职业教育类型定位，深化产教融合、校企合作，深入推进育人方式、办学模式、管理体制、保障机制改革，稳步发展职业本科教育，建设一批高水平职业院校和专业，推动职普融通，增强职业教育适应性，加快构建现代职业教育体系，培养更多高素质技术技能人才、能工巧匠、大国工匠。"①2021年4月，全国职业教育大会创造性地提出了建设技能型社会的愿景。同年5月，时任教育部部长陈宝生提出

① 加快构建现代职业教育体系 培养更多高素质技术技能人才能工巧匠大国工匠[N].人民日报，2021-04-14（1）.

要“加快建设国家重视技能、社会崇尚技能、人人学习技能、人人拥有技能的技能型社会”①。大力发展职业教育、培育高素质的技能型人才、建设技能型社会，是新时代职业教育的重要使命与担当，是助力中国产业转型升级、迈向制造强国、实现中华民族伟大复兴的战略需要。新时代，广大职业院校学子的历史使命就是要立志成为德技并修、身怀绝技的能工巧匠和大国工匠，为建设技能强省、实现中国特色社会主义共同富裕先行和省域现代化先行作出新的贡献，让青春在建设创新型国家、技能型社会，实现中华民族伟大复兴中国梦的伟大进程中绽放绚丽之花。

## 一、深入学习领会习近平总书记关于工匠精神的重要论述

工匠精神是我们宝贵的精神财富，是新时代中国精神的鲜亮底色，是中国共产党人精神谱系的重要组成部分。党的十八大以来，以习近平同志为核心的党中央始终关心工匠人才的培养，礼赞劳动创造，讴歌工匠精神。2020年11月24日，在全国劳动模范和先进工作者表彰大会上，习近平总书记对劳模精神、劳动精神、工匠精神作出全面、系统、深刻的阐述，强调劳模精神、劳动精神、工匠精神是以爱国主义为核心的民族精神和以改革创新为核心的时代精神的生动体现，指出在长期实践中，我们培育形成了爱岗敬业、争创一流、艰苦奋斗、勇于创新、淡泊名利、甘于奉献的劳模精神，崇尚劳动、热爱劳动、辛勤劳动、诚实劳动的劳动精神，执着专注、精益求精、一丝不苟、追求卓越的工匠精神。②习近平总书记对工匠精神的重要论述，丰富和深化了党对工匠精神价值的认识，对于在新时代新征程上大力弘扬工匠精神具有重大意义。

工匠精神是民族精神和时代精神的生动体现，具有丰富深刻的内涵。工匠精神生成于我国历史文化积淀和时代沿革变迁的双重合力，体现着从业者的职业道德、职业能力、职业品质和职业价值取向及行为表现。我国自古就有尊崇和弘扬工匠精神的传统及对工匠精神的阐释。如古代描述工匠在制作玉器、象牙、骨器时，用“切、磋、琢、磨”来展现其中的仔细、认真与执着；又如《考工记》中倡导“知者创物，巧者述之守之”的技术追求；再如，耳熟能详的“庖丁解牛”，就是对“道技合一”境界的形象表达。在革命战争年代，中国共产党在陕甘宁边区开展了“大生产运动”“新劳动者运动”，涌现出“边区工人一面旗帜”赵占魁、“兵工事业开拓

① 陈宝生．办好新时代职业教育 服务技能型社会建设[N]．光明日报，2021-05-01（7）．

② 习近平．在全国劳动模范和先进工作者表彰大会上的讲话[J]．党建，2020（12）：5.

者”吴运铎等先进人物。新中国成立后，涌现出“高炉卫士”孟泰、“铁人”王进喜、“两弹元勋”邓稼先、“知识分子的优秀代表”蒋筑英、“宁肯一人脏、换来万人净”的时传祥等一大批先进模范。改革开放后，涌现出“蓝领专家”孔祥瑞、“金牌工人”窦铁成、“新时期铁人”王启民、“知识工人”邓建军、“中国航空发动机之父”吴大观等一大批先进工作者。进入新时代，在谱写中华民族伟大复兴中国梦的篇章中，涌现出巨晓林、高凤林、李万君等一大批大国工匠。自古以来，中国并不缺少匠人匠心。工匠精神的本质是精业与敬业。这种精益求精、敬业乐业的精神品质早已融入中华民族的文化血液与精神血脉，是中国共产党人精神谱系的重要组成部分。

党的十八大以来，习近平总书记站在实现中华民族伟大复兴中国梦的全局高度，对大力弘扬劳模精神、劳动精神、工匠精神作出了一系列重要论述和决策部署。2013年4月28日，习近平总书记在同全国劳动模范代表座谈时强调：“必须大力弘扬劳模精神、发挥劳模作用。榜样的力量是无穷的。劳动模范是民族的精英、人民的楷模。”①2015年4月28日，在庆祝“五一”国际劳动节暨表彰全国劳动模范和先进工作者大会上，习近平总书记指出：“在前进道路上，我们要始终弘扬劳模精神、劳动精神，为中国经济社会发展汇聚强大正能量。劳动是人类的本质活动，劳动光荣、创造伟大是对人类文明进步规律的重要诠释。‘民生在勤，勤则不匮。’中华民族是勤于劳动、善于创造的民族。正是因为劳动创造，我们拥有了历史的辉煌；也正是因为劳动创造，我们拥有了今天的成就。”②2017年10月18日，习近平总书记在中国共产党第十九次全国代表大会上的报告中明确提出，建设知识型、技能型、创新型劳动者大军，弘扬劳模精神和工匠精神，营造劳动光荣的社会风尚和精益求精的敬业风气。③2018年4月30日，习近平总书记在给中国劳动关系学院劳模本科班学员的回信中指出：“劳动最光荣、劳动最崇高、劳动最伟大、劳动最美丽。全社会都应该尊敬劳动模范、弘扬劳模精神，让诚实劳动、勤勉工作蔚然成风。”④2020年12月10日，习近平总书记在致首届全国职业技能大赛的贺信中强调：“各级党委和政府要高

① 习近平.在同全国劳动模范代表座谈时的讲话[N].人民日报，2013-04-29（2）.

② 习近平.在庆祝“五一”国际劳动节暨表彰全国劳动模范和先进工作者大会上的讲话[N].人民日报，2015-04-29（2）.

③ 习近平.决胜全面建成小康社会 夺取新时代中国特色社会主义伟大胜利[N].人民日报，2017-10-28（1-2）.

④ 珍惜荣誉 努力学习 继续拼搏 再创佳绩 激励广大劳动群众争做新时代的奋斗者[N].人民日报，2018-05-01（1）.

度重视技能人才工作，大力弘扬劳模精神、劳动精神、工匠精神，激励更多劳动者特别是青年一代走技能成才、技能报国之路，培养更多高技能人才和大国工匠，为全面建设社会主义现代化国家提供有力人才保障。”①

习近平总书记对于劳模精神、劳动精神、工匠精神科学内涵及其重大价值的全面论述，体现了对劳动、劳动价值、劳动群众的高度尊崇，体现了马克思主义唯物史观，为我们大力弘扬、深入践行劳模精神、劳动精神、工匠精神指明了方向，提供了基本遵循。大力弘扬劳模精神、劳动精神、工匠精神，是我们建设知识型、技能型、创新型劳动者大军，从而推动全面建设社会主义现代化国家、实现中华民族伟大复兴中国梦的需要。

发展现代职业教育是新时期弘扬工匠精神、培育大国工匠的重要支撑。技术工人队伍是支撑中国制造、中国创造的重要力量。民族复兴需要高端先进的制造业支撑，制造业需要一支专业扎实、技艺高超的工匠队伍，而优秀的工匠队伍则来自先进的职业教育的培育。党的十八大以来，党和国家高度重视职业教育的发展和大国工匠的培养。职业教育与经济社会发展紧密相连，对促进就业创业、助力经济社会发展、增进人民福祉具有重要意义。

时代发展，需要大国工匠；迈向新征程，需要大力弘扬工匠精神。当今世界正经历百年未有之大变局，以大数据、物联网、云计算、智能化等为基础性特征的新一轮科技革命和产业变革正在深入发展。同时，我国经济已由高速增长阶段转向高质量发展阶段，我国社会主要矛盾已经转化为人民日益增长的美好生活需要和不平衡不充分的发展之间的矛盾。在此背景下，技能型人才的重要性愈加凸显。技能型人才是支撑中国制造、中国创造的重要基础。在新时代，传承与弘扬好工匠精神，培养更多能工巧匠、大国工匠是促进产业升级，实现由制造大国迈向制造强国，推动经济高质量发展，进而满足人民群众对美好生活需求的必然选择。

## 二、大力弘扬工匠精神，忠实践行“八八战略”，奋力推进“两个先行”

“八八战略”是引领浙江发展的总纲领、推进浙江各项工作的总方略。2003年7月10日，时任浙江省委书记习近平在省委十一届四次全体（扩大）会议上全面系统阐释了浙江发展的“八大优势”，提出了指向未来的“八项举措”。这是习近平同志履职浙江10个月间走遍全省11个市、69个县（市、区）和大部分省直部门、单位，进行

① 大力弘扬劳模精神劳动精神工匠精神 培养更多高技能人才和大国工匠[N].人民日报，2020-12-11（1）.

充分调研后，落实中央精神和立足浙江实际作出的科学决策。“八八战略”是经典的顶层设计，是谋浙江新发展大势、推进浙江长远发展的系统规划和战略布局。2003年以来，浙江省委把“八八战略”作为全面建成小康社会、推进社会主义现代化建设的根本遵循，一张蓝图绘到底、一任接着一任干。“八八战略”在之江大地落地生根、开花结果，日益彰显出巨大的理论力量和实践力量。

“八八战略”开辟了中国特色社会主义在浙江生动实践的新境界。2021年5月20日，中共中央、国务院印发《关于支持浙江高质量发展建设共同富裕示范区的意见》，这是以习近平同志为核心的党中央作出的一项重大决策，也是新时代赋予浙江的新使命、新担当。浙江高质量发展建设共同富裕示范区，将为全面推动共同富裕提供省域范例。2022年6月，浙江省第十五次党代会明确提出，全面推进高质量发展建设共同富裕示范区和社会主义现代化先行省，努力成为新时代全面展示中国特色社会主义制度优越性的重要窗口，全面提升人民群众的获得感、幸福感、安全感和认同感。长期以来，浙江省委、省政府始终立足“八八战略”战略指引，坚持守正创新、匠心为民，推动浙江干在实处、走在前列、勇立潮头，聚焦聚力高质量、竞争力、现代化，加快推进“四个强省”、“六个浙江”和“两个高水平”建设，大力弘扬浙江精神和工匠精神，推进职业教育提质升级，强化“浙江制造”品牌建设，提高“浙江制造”的有效供给能力，力图将“浙江制造”打造成中国制造的黄金标杆和浙江经济的金字招牌。

新时代，浙江大力弘扬工匠精神，“浙江工匠文化”孕育“之江匠心”。文化孕育精神、精神滋养心灵。工匠文化作为中华优秀传统文化的重要组成部分，是培育工匠精神的沃土，只有工匠文化的土壤才能培育出工匠精神的花朵。浙江自古能工巧匠众多，享有“百工之乡”的美誉，勤劳的浙江人民在5000年中华文明的历史进程中，创造了灿烂的浙江文化，在千百年来的历史奋斗中形成了以“百工之乡”优良传统为核心的“浙江工匠文化”，熔铸了“热爱本职、专心制造、精益求精、创造精良”的浙江工匠精神。浙江工匠精神既有着对红色根脉的滋养与传承，又蕴藏着扎根于“百工之乡”传统文化的丰富养分。所谓“之江匠心”就是在厚重的浙江工匠文化中孕育的以浙江工匠精神为核心的新时代匠魂、匠品、匠技、匠才的统一体，是富含浙江文化精髓、具有浙江精神特质的工匠精神的时代升华，是中国工匠精神的典型代表和重要组成部分。从品种丰富、雕琢精湛的良渚玉器，到煮茧缫丝的丝绸文化，再到宋韵文化中青瓷、黄酒、园林等先进卓绝的工艺，无不充满着“匠韵”。意大利商人马可·波罗在其游记中曾这样描述道：“城内各行各业共有十二种行会，每一行会各有一万二千个商家，每个商家至少有十二个工匠，有的是二十人，也有的为四十人。这些工匠们总是有干不完的活儿，因为此城的产品畅销于国内其他城市。”从中可以看出当时被马可·波罗誉为“天城”的杭州手工业之发达，产品之丰富，工匠之众多，以至杭州当时商业之繁荣。改革开放以来，浙江工匠精神引领和成就了一大批浙江产业和头雁企业，温州的鞋业、永康的五金、黄岩的模具，安防科技龙头海康威视、火星人厨具、吉利汽车等企业皆秉承精益求精、传承创新的经营理念和匠心神韵，打造出匠心产品。

新时代，浙江大力弘扬工匠精神，以“之江匠心”激活产业升级转型新动能。2003年6月24日，时任浙江省委书记习近平主持召开全省工业大会。这是改革开放后浙江第一次召开全省工业大会。这次大会对建设先进制造业基地作出全面部署，标志着建设先进制造业基地进入实质性的实施阶段。习近平同志在密集调研中，看到了浙江块状特色产业的优势和不足，看到了产业发展演进规律和信息化带来的机遇，提出要以“腾笼换鸟”的思路和“凤凰涅槃”“浴火重生”的勇气，加快推进增长方式转变，为浙江产业升级转型指明了方向和出路。浙江立足制造强省和技能强省建设，不断强化制度供给和政策供给，致力于打造一批对质量精益求精、对制造精雕细琢、对品质孜孜追求的高水平工匠队伍。进入新时代的浙江从供给侧结构性改革出发，加快劳动者素质提升，大力弘扬工匠精神，聚焦技术提高、技能改造、科技创新，引领和带动制造业的质量变革、效率变革、动力变革，给工匠精神注入产业升级的战略意义和时代内涵，强调要发挥技能人才在高质量建设共同富裕示范区、高水平建设社会主义现代化中的重要作用，使之成为引领新经济、培育新动能的重要力量，照亮全省产业工人前进方向，推动省域产业升级转型。

新征程，“之江匠心”引领浙江工匠。实现浙江新发展、构建浙江新格局，需要“之江匠心”的引领和支撑。浙江在高质量发展中奋力推进“两个先行”建设，离不开高技能人才队伍的壮大。党的十八大以来，浙江深入推进技能浙江建设，以匠才和匠苗行动为主抓手，让千万技能人才走向技能跃升的新赛道，涌现出吴国林、朱炳仁、陆观夫等一大批浙江工匠。浙江省委、省政府颁布的《新时代浙江产业工人队伍建设改革“十四五”工作规划》明确提出，到2025年全省将培育30名浙江大工匠、300名浙江杰出工匠、3000名浙江工匠、10000名浙江青年工匠，全省技能人才总量达到1150万人左右，其中高技能人才总量超过400万人，占技能人才比例达到35%。浙江新时代的高质量发展给职业院校青年学子提供了广阔的人生舞台和展示技能的平台。2022年浙江高考语文作文题以新时代“浙江工匠”为主题，让“浙江工匠”的理想追求走进青年学生的视野，让崇德尚技扎根于心，让技能报国外化于行，在推进浙江高质量发展、实现“两个先行”奋进中锻造之江匠才，擦亮“浙派工匠”金名片。

## 三、践行工匠精神，做新时代的之江“大国工匠”

青年强，则国家强。习近平总书记在党的二十大报告中勉励当代青年，广大青年要坚定不移听党话、跟党走，怀抱梦想又脚踏实地，敢想敢为又善作善成，立志做有理想、敢担当、能吃苦、肯奋斗的新时代好青年。

练好本领。劳动者素质对一个国家、一个民族的发展至关重要。器物有形，匠心无界。技能型社会建设为当代职业院校青年学子提供了广阔的舞台。只有牢固树立大国工匠的理想，职业院校学子才能传承工匠精神，立足专业、苦练技能，实现“技能报国、强国有我”的远大抱负。“工匠精神”是高技能人才成功的优秀基因。中国从制造大国向制造强国转型的过程中，工匠精神是不可或缺的。青年学生作为未来的高素质技术技能型人才，要传承和弘扬好劳模精神、劳动精神、工匠精神。匠者，精湛极致也。精技是青年学生走向社会的立身之本、成功之基。要想在今后的人生道路上建功立业，就要找准自身定位，精通本职业务，练好“看家本领”。技能改变人生，技能成就梦想，掌握一技之长，能够顶天立地、荣耀青春。只有拥有傍身的“金刚钻”，才能揽下“瓷器活”，才能在广阔天地有所作为，才能为实现中华民族伟大复兴的中国梦奉献青春。

勇于创新。创新创造是中华民族的基因禀赋，亦是工匠精神的灵魂。中国制造、中国技艺曾有过辉煌的历史，无论是万里长城、京杭大运河、都江堰等恢宏工程，还是铸铜炼铁、瓷器丝绸等传统精湛技艺，皆是时代精品、珍品和艺术品的代名词。被中外学者誉为“稀世珍宝”的曾侯乙编钟，其高超的铸造技术和良好的音乐性能，改写了世界音乐史；北宋徽宗时期烧制的汝瓷，其釉被称为“似玉非玉而胜玉”“纵有家财万贯，不如汝瓷一片”。工匠精神既追求卓越精致、崇尚完美极致，同时也鼓励打破固化思维，追求突破和革新。在以数智化等新技术为代表的工业4.0时代，需要将发迹于手工文明时期的工匠文化与互联网时代的思维模式相融合，将工匠精神所追求的严谨、精致、专注与互联网时代所推崇的开放、创造、创新相融合。要在热情、专业、专注、责任中实现技术创新升级，把产品打造成精致完美的艺术品，更好地满足用户的个性化需求。

持续奋斗。习近平总书记在2020年春节团拜会上强调：“时间不等人！历史不等人！时间属于奋进者！历史属于奋进者！为了实现中华民族伟大复兴的中国梦，我们必须同时间赛跑、同历史并进。”[①]千锤百炼始成钢，百折不挠终成才。知识更新不

---

① 习近平．在二〇二〇年春节团拜会上的讲话[N]．人民日报，2020-01-24（1）．

断加快，社会分工日益细化，新技术、新工艺、新业态层出不穷。我国要抢占科技竞争和未来发展制高点，需要各类人才具备千锤百炼的工匠精神，这一切都要从青年做起，从今天做起。“幸福都是奋斗出来的”，“奋斗本身就是一种幸福”。新时代的大国工匠、能工巧匠都是新时代最光荣的奋斗者，都正在共同参与这样一场匠心奋斗的接力赛。

作为当代青年学生，要传承勤劳质朴的中华优秀传统文化，紧跟时代潮流，发挥个人聪明才智，笃定初心，践行工匠精神；要扎实学好专业知识、苦练职业技能，把握时代机遇，创造出彩人生，在推进社会主义现代化强国建设、实现中华民族伟大复兴的伟大征程中，书写“技能报国、强国有我”的华彩篇章。

“之江匠心”是一门融政治性与思想性、知识性与技能性、时代性与职业性于一体的思想政治教育课程。本课程坚持将以习近平新时代中国特色社会主义思想铸魂育人作为根本任务，着力解决职业院校青年学子在成长过程中面临的专业学习和职业成长问题，结合新时代以来我国职业教育发展和习近平总书记关于工匠精神的重要论述的浙江实践，增强职业院校青年学子对职业教育的科学认知，提升其对成为大国工匠、能工巧匠的职业自信，增强“技能强省、强国先锋”的使命担当。本课程立足加快行业和企业生产发展，推进浙江高质量发展，实现“两个先行”，打造“重要窗口”，引导青年学子进一步强化职业意识，筑牢职业理想，厚植职业情怀，使之真切感受时代发展对职业教育和大国工匠的热切期盼，深刻把握科技创新与工匠精神发展的时代脉搏，不忘初心，踔厉奋发，努力成长为新时代之江大国工匠和能工巧匠，积极投身于高质量推进浙江“两个先行”的伟大实践，不负青春，不负韶华。

## 思考题

1. 新时代，工匠精神具有哪些新内涵、新特点？
2. 结合实际，谈谈如何将工匠精神融入专业学习和未来工作。

## 拓展阅读

1. 本书编写组. 干在实处 勇立潮头：习近平浙江足迹［M］. 杭州：浙江人民出版社；北京：人民出版社，2022.

2. 金碚. 中国制造2025［M］. 北京：中信出版集团，2015.

# 第一章

# 大国工匠　之江先行

## ——匠心的教育理论发展与浙江探索

实现中华民族伟大复兴的中国梦，需要强大的制造业支撑，而大国工匠是中国从制造大国迈向制造强国的基石。浙江职业教育始终坚持以习近平新时代中国特色社会主义思想为指引，牢记习近平总书记对职业教育的重要指示，不忘育人育才的初心使命，大力弘扬伟大建党精神和“红船精神”，守牢“红色根脉”，赓续红色血脉，传承红色基因，创新职业教育发展，为浙江高质量发展培养高技能人才。浙江素有“百工之乡”的美誉，工匠精神在这里传承和创新，形成了浙江精神。在浙江精神的引领下，浙江人民在高质量发展中奋力推进中国特色社会主义共同富裕先行和省域现代化先行，助力浙江高质量发展。

## 本章要点

1. 发展职业教育，为中华民族伟大复兴夯实牢固地基。作为职业教育的主要阵地，职业院校是培育高素质技术人才的摇篮，是助力中国从制造大国迈向制造强国、支撑中国制造的人才基石。新时代的职业院校青年学子要做担当民族复兴大任的大国工匠。

2. 一百多年来，浙江职业教育始终坚定办学初衷，为浙江的工匠人才培养和经济社会发展作出了重要贡献。特别是党的十八大以来，在以习近平同志为核心的党中央的高度重视和坚强领导下，职业教育走进了新时代的高质量发展阶段。浙江职业教育始终坚持以习近平新时代中国特色社会主义思想为指引，牢记总书记重要指示，不忘育人育才的初心使命，大力弘扬伟大建党精神和“红船精神”，把“红色根脉”融入立德树人全过程，赓续红色血脉，传承红色基因，为浙江高质量发展培养高技能人才。

3. 浙江自古以来人杰地灵，素有“百工之乡”的美誉。浙江精神是浙江的“根”和“魂”，是推动浙江发展进步的“精神支柱”。新时代的职业院校青年学子要弘扬浙江精神，为推进中国特色社会主义共同富裕先行和省域现代化先行贡献青春智慧和力量。

# 第一节　大国工匠　民族复兴

培育高素质的技能型人才、建设技能型社会是新时代职业教育的使命与担当，也是助力中国产业转型升级、迈向制造强国的需要。新时代，广大职业院校青年学子的历史使命就是成为技能人才、能工巧匠和大国工匠，让青春在实现中华民族伟大复兴中国梦的进程中绽放异彩。

## 一、职业教育构筑人才培养高地

新时代，世界面临百年未有之大变局。党中央明确提出了教育强国、人才强国的战略目标，开启了中华民族伟大复兴新征程。中华民族伟大复兴新征程离不开教育的现代化。职业教育现代化是教育现代化的重要组成部分。当前，产业转型升级，推动“中国制造”向“中国创造”转变，加快建设创新型国家，需要更多的技术技能人才。因此，作为培养技术技能人才摇篮的职业教育，不仅在中国社会经济的转型升级中扮演重要角色，而且在中华民族伟大复兴历史进程中也将扮演重要角色。

### （一）职业教育的类型与适应性

职业教育是一种类型教育。职业教育与普通教育是不同的教育类型，具有自身鲜明的类型特点，与普通教育同等重要，是我国教育体系和人力资源开发的重要组成部分。纵观我国职业教育发展史，职业教育已为各行各业培养了大批高素质劳动者。职业教育的类型定位提高了社会对职业教育的认可度，也激励了全社会广泛支持、积极参与职业教育建设和发展，对引导职业院校锚定专业发展特色、切实深化教育教学改革、促进内涵式发展具有重要的意义。职业教育的类型化使技能型人才的价值得以显现，使社会对技能型人才更加尊重。大国工匠李斌生前有一件令人感动的事迹，即在他成名后，有政府领导为了关照他，提出要把他的工人身份变为干部身份，但他拒绝了。他说自己的价值就是工人，他只希望做一名出色的工人。这一事迹一方面反映了李斌作为一位大国工匠坚持本色的高尚人格，另一方面也有力地支撑了技能型人才是一种独立人才类型的观点。既然技能型人才的能力能够达到如此高超的水平，并在生产与服务中具有不可替代的价值，那么技能型人才就完全应当被认定为一种独立的人才类型。其他大国工匠的案例与李斌的案例是一致的，他们都掌握了难以替代且具有很高经济价值的技能。这样一个庞大群体的存在，足以说明技能型人才作为独立人才类型予以认定的必要性。

新发展格局要求增强职业教育的适应性。国家“十四五”规划纲要提出要“增强职业技术教育适应性”。适应性作为职业技术教育的重要特点，其核心要义是职业教育要主动适应产业发展，在产业链上建专业，让学生学用一致、学做合一，培养出的学生能与企业岗位需求相匹配，能与国家战略需求相对接。职业教育适应性，归根结底是要适应循环经济发展新格局的需要和人民群众对多样化、高质量教育发展的需要，以促进自身体制机制及制度格局更成形，专业结构更优化，产教融合协同创新贡献率更高。新时代职业教育的适应性就是要站在中华民族伟大复兴的高度，培育能工巧匠、大国工匠，建设技能型社会，为中国式现代化建设服务。

职业教育的发展是纵向贯通、横向融通的。纵向贯通主要是指中职、高职、本科职业教育培养体系一体化发展；横向融通主要是指面向在校生和社会成员广泛开展职业培训，促进学历教育与非学历培训衔接连通。职业教育纵向贯通、横向融通的发展，为现代职业教育体系的构建指引了方向。2022年新修订的《中华人民共和国职业教育法》规定，国家建立健全适应经济社会发展需要，产教深度融合，职业学校教育和职业培训并重，职业教育与普通教育相互融通，不同层次职业教育有效贯通，服务全民终身学习的现代职业教育体系。

### （二）职业教育的使命与担当

职业教育在现代教育体系中占据着非常重要的地位。职业教育为培养高素质技术技能人才奠定基础。2019年，《国家职业教育改革实施方案》出台后，职业教育进入了高质量发展的新阶段，在人才培养模式、职业教育理念等方面都取得了长足的进步。随着我国进入新的发展阶段，产业升级和经济结构调整不断加快，各行各业对技术技能人才的需求越来越紧迫，职业教育的重要地位和作用越来越凸显。

培育大国工匠，建设技能型社会，职业教育责无旁贷。当前我国正处于创新引领发展的机遇期，新兴产业蓬勃发展，传统产业转型升级，新旧动能加快转换，需要大量的技能人才，需要大批大国工匠。2015年，中央电视台《大国工匠》系列节目讲述了不同岗位劳动者用自己的灵巧双手以匠心筑梦的故事。他们技艺精湛，有人能在牛皮纸一样薄的钢板上焊接而不出一丝漏点，有人能把密封精度控制到头发丝的五十分之一的细度，还有人检测手感精准度堪比X射线，令人叹服。这群不平凡劳动者的成功之路，不是进名牌大学、拿耀眼文凭，而是默默坚守、孜孜以求，在平凡岗位上追求职业技能的完美和极致，最终脱颖而出，跻身“国宝级”技工行列，成为一个领域不可或缺的人才。这些大国工匠从何而来？来自数以亿计的生产一线的普通劳动者。而数以亿计的生产一线的普通劳动者从何而来？从职业教育中来。技术技能人才不会凭空出现，大国工匠不是天生就行，他们需要经过职业教育的专业培养，需要校企结合的持续打磨。职业教育肩负大规模培养技术技能人才的责任，能够用最专业的教育，解决高技能人才短缺难题。

职业教育为促进就业创业筑牢根基。职业教育是面向人人、面向全社会的终身教育，是实现人的尊严、择业自由的就业教育。职业教育是现代产业发展的产物，与产业和劳动力市场联系的紧密度决定职业教育的成败，就业状况是检验职业教育好坏的第一标准。“出口畅，入口旺”，让学生充分就业是办好职业教育的关键所在。要让职业教育与劳动就业紧密携手，须着力在产教融合上多下功夫。现在许多院校着力建设现代产业学院，目的就是让学生的专业技术能力紧跟市场，培养创新意识。宣传与贯彻落实新修订的职业教育法，不断提升职业教育认可度，营造创新创业的良好氛围，为建设创新型国家提供有力的人才和智力支持。新时代，我国广大职业院校持续加大创新创业教育的改革力度，不断完善创新创业教育的管理机制、服务保障机制、评价监督机制，努力培养更多创新人才。

### （三）职业院校是培育大国工匠的摇篮

习近平总书记提出：“要大力发展职业教育和培训，有效提升劳动者技能和收入水平。”①如何培养能工巧匠、大国工匠？这就要求我们加快构建现代职业教育体系，畅通技能人才成长通道。作为职业教育的主要阵地，职业院校是培育高素质技术人才的摇篮。新时代，职业院校要进一步强化职业教育类型特色，实施产教融合，打破壁垒，推动学科专业建设与产业转型升级相适应，切实增强职业教育适应性。

持续探索创新人才培养模式。当前，国家深化职业教育改革创新，核心目的是提高人才培养质量，为国家培育德才兼备的大国工匠。当前职业教育改革方式是通过创新人才培养模式，坚持产教融合、校企合作，坚持工学结合、知行合一，使学生具备大国工匠的职业精神和技能实践基础。产教融合、校企合作是培育大国工匠的重要方式，也是提升职业教育质量的重要举措。职业院校通过订单培养、联合培养、委托培养等多种形式与企业开展合作，建立双元主体管理、导师制授课、理论与实践融合的合作型办学模式，为学生在校期间接受规范的管理模式、学习先进的管理理念和技能技术创造条件。

### 拓展

**产教融合人才培养改革**

国务院办公厅印发《国务院办公厅关于深化产教融合的若干意见》（国办发〔2017〕95号），推进产教融合人才培养改革：

将工匠精神培育融入基础教育。将动手实践内容纳入中小学相关课程和学生综合素质评价。加强学校劳动教育，开展生产实践体验，支持学校聘请劳动模范

① 习近平．习近平谈治国理政：第四卷[M].北京：外文出版社，2022：340.

和高技能人才兼职授课。组织开展"大国工匠进校园"活动。鼓励有条件的普通中学开设职业类选修课程，鼓励职业学校实训基地向普通中学开放。鼓励有条件的地方在大型企业、产业园区周边试点建设普职融通的综合高中。

推进产教协同育人。坚持职业教育校企合作、工学结合的办学制度，推进职业学校和企业联盟、与行业联合、同园区联结。大力发展校企双制、工学一体的技工教育。深化全日制职业学校办学体制改革，在技术性、实践性较强的专业，全面推行现代学徒制和企业新型学徒制，推动学校招生与企业招工相衔接，校企育人"双重主体"，学生、学徒"双重身份"，学校、企业和学生三方权利义务关系明晰。实践性教学课时不少于总课时的50%。

## 案例1-1

### 打造新时代"工匠摇篮"

2020年5月12日，由浙江省机电集团有限公司、浙江省能源集团有限公司（以下简称浙能集团）与浙江机电职业技术学院三方合办的"浙江能源学院"开学了。叶建亮等56名首届新型学徒制班学员进入企业开展生产性实训。在浙江能源学院学习结束后，经考核合格，学员们将拿到浙江机电职业技术学院颁发的毕业证书和浙江能源学院颁发的企业职业资格证书，还能与浙能集团签订劳动合同。培养期间，企业还会按月向学员发放学徒津贴，并承担学员的住宿、交通等费用。

为什么要在职业技术学院开办"浙江能源学院"？浙能集团组织部副部长黄剑飞说，他们是主动对接学校的，想通过校企"双元"育人模式，缩短人才培养周期。"现在企业普遍感到应用型、操作型的高端技术技能人才很缺，只要有机会培养，都愿意下大力气。"

浙江的职业教育始终以面向市场、服务地方和企业为办学宗旨，产教融合不断深化。宁波职业技术学院近90%的毕业生选择在浙江就业，65%的毕业生选择在宁波就业，是一所"本地离不开"的高职院校。在办学过程中，学校将专业链紧贴着产业链延伸——对接北仑港万亿级石化产业发展需求，构建"应用化工技术专业群"；对接宁波市高端装备产业发展需求，构建"模具设计与制造专业群"；对接宁波港口经济圈港航贸易、现代服务等产业发展需求，构建"物流管理专业群"……

产教融合让浙江的职业教育与企业紧紧"绑"在一起。目前全省各地已组建100多个职教集团，与近7000家企业结成紧密合作关系。10多年前，杭州职业技术学院首创"校企共同体"办学模式，"友嘉模式""达利现象"成为影响全国职业教育发展的经典案例。

浙江职业教育的成绩单，在全国也是响当当的。2019年，浙江推荐参评国家“双高建设计划”的15所高职院校全部入围，其中，高水平学校建设单位6所，高水平专业群建设单位9所，入围总数居全国第一梯队。同时，“高技能青年”不断涌现——第43届世界技能大赛汽车喷漆项目金牌获得者杨金龙、第44届世界技能大赛汽车喷漆项目金牌获得者蒋应成、第44届世界技能大赛瓷砖贴面项目金牌获得者崔兆举、第45届世界技能大赛美发项目金牌获得者石丹……近年来，从浙江走出了一位又一位世界技能大赛冠军，演绎出一个又一个不断追求卓越、走上技能巅峰的故事。

石天星.打造新时代“工匠摇篮”[N].浙江日报，2020-06-08（1）.

## 二、大国工匠支撑中国制造基石

制造业作为国民经济的主体，在实现中华民族伟大复兴中国梦的过程中，将为实现民族复兴奠定坚实之基。在新一轮科技革命和产业变革的孕育时期，我国抢抓机遇，培育更多技能人才、能工巧匠、大国工匠，有助于我国从制造大国迈向制造强国，支撑国家制造基石。

### （一）中国制造奠定民族复兴根基

工业化助推中国成为制造大国。制造业作为国民经济的主体，是立国之本、兴国之器、强国之基。近代中国之所以落后于西方，主要是因为西方工业文明的崛起。两次工业革命后，西方国家率先建立了工业文明，完成了世界市场的建立，此时的中国却日益衰落而沦为半殖民地半封建社会。1949年中华人民共和国成立后，党和政府开始着手恢复国民经济，尤其是把实现工业化的历史任务提到中心日程。“一五”计划的实施，开启了我国社会主义工业化的征程，为我国社会主义工业化的持续推进奠定了坚实的物质基础，我国开始建成门类齐全、独立完整的工业体系。改革开放后，我国制造业得到持续快速发展，综合实力不断增强，有力地推动了工业化和现代化的进程，中国成为制造大国，被称为“世界工厂”。中华民族的奋斗史一再证明，没有强大的制造业，就没有国家和民族的强盛。

创新力引领中国迈入制造强国行列。进入新时代，我国全面部署推进实施制造强国的战略目标，明确提出制造业高质量发展是经济高质量发展的重要内容，是全面建成小康社会、全面建设社会主义现代化国家的关键战略支撑。打造具有国际竞争力的制造业，是我国提升综合国力、保障国家安全、建设世界强国的必由之路。当前，中国制造产业不断创新、全方位发力，世界日益感受到其魅力。嫦娥四号探测器成功发射、横跨沧海的港珠澳大桥建成、第二艘航空母舰出海试航等成就无不展现了新时代中国工业的变革与腾飞。2023年是贯彻党的二十大精神的开局之年，是实施“十四五”规划承前启后的关键一年，是为全面建设社会主义现代化国家奠定基础的重要一年，这是实现中华民族伟大复兴中国梦的关键时刻。从制造大国迈向制造强国战略目标的实现将为实现中华民族伟大复兴奠定坚实之基。

## 拓展

### 实现制造强国的战略目标

《中国制造2025》（国发〔2015〕28号）提出实现制造强国的战略目标：

立足国情，立足现实，力争通过“三步走”实现制造强国的战略目标。

第一步：力争用十年时间，迈入制造强国行列。

到2020年，基本实现工业化，制造业大国地位进一步巩固，制造业信息化水平大幅提升。到2025年，制造业整体素质大幅提升，创新能力显著增强，全员劳动生产率明显提高，两化（工业化和信息化）融合迈上新台阶。

第二步：到2035年，我国制造业整体达到世界制造强国阵营中等水平。

第三步：新中国成立一百年时，制造业大国地位更加巩固，综合实力进入世界制造强国前列。

### （二）技能人才助力产业转型升级

制造业转型升级面临机遇与挑战。当今世界正经历百年未有之大变局，新一轮科技革命和产业变革深入发展。新一轮科技革命主要包括以互联网、大数据、物联网、云计算、智能化、传感技术、机器人、虚拟现实（VR）等为基础性特征的第四次工业革命，德国称之为工业4.0。当前科技革命和产业变革处于孕育时期，虽然给我国制造业发展带来了严峻挑战，但也为促进产业升级、实现由制造大国迈向制造强国、推动经济高质量发展提供了重大机遇。当前，我们仍处于“大而不强”的阶段，制造业普遍存在自主创新能力差、核心部件对外依存度高、产业结构不合理、产品质量问题突出、中国制造“低成本优势”逐步衰减、制造业后发优势与创新投入严重不足等问题，与美国、德国、日本等发达工业国家存在较大差距。中国制造正面临新一轮全球技术和产业革命的冲击。在这一关键历史期，如何“变道超车”

成为重要命题。国务院发布了《中国制造2025》规划，这一规划既是中国版“工业4.0计划”，也是我国实施制造强国战略的第一个“十年行动纲领”，为我国从制造大国迈向制造强国擘画了总蓝图。

技术技能人才助推制造业转型升级。培养更多能工巧匠、大国工匠是适应现代产业转型升级发展的需要。当前我国经济发展已经从粗放化、外延式发展转向集约化、内涵式发展，从规模速度竞争模式转向质量效益发展模式。产业转型升级的关键在于从中国制造到中国创造，推动科技发展和产业变革。新一轮科技革命和产业变革离不开技术技能型产业大军。进入新发展阶段，从制造大国走向制造强国，离不开大批能工巧匠、大国工匠的支撑。培养更多能工巧匠、大国工匠是构建全面发展的现代产业体系的需要。技能人才是支撑中国制造、中国创造的重要基础，技能人才的重要性愈加凸显，需求也愈加迫切。大国工匠是千千万万技能人才大军的杰出代表，他们在推动经济社会高质量发展中发挥着重要作用。他们手握焊枪，打造火箭的“心脏”和飞船密封舱；他们潜心钻研，确保中国高铁走向世界；港珠澳大桥的每颗螺丝钉都倾注了他们的汗水……这些成就无不承载着技能人才的心血和智慧。

## ◎ 案例1-2

### 玩转BIM的95后

2022年初，浙江省人力资源和社会保障厅、共青团浙江省委员会联合发布入选“浙江青年工匠”培养项目人员名单。来自浙江省建工集团有限责任公司工程研究院的尹继刚光荣地名列其中。这是继2021年3月被浙江省总工会授予“浙江金蓝领”荣誉之后，尹继刚获得的又一项荣誉称号。这位参加工作还不到6年、戴着黑框眼镜、质朴斯文又充满灵气的年轻小伙，已然是一位富有工作经验、众人称赞的资深BIM（建筑信息模型）项目经理。

尹继刚毕业于浙江建设职业技术学院，就读的是施工技术专业BIM方向。在大学里，他一接触到建筑信息模型，就被这项技术深深地吸引了。对于一个工科男而言，从二维图纸到三维模型，将建筑结构通过三维模型更形象地展示出来，是一件十分有成就感的事情。2016年7月毕业后，尹继刚进入了浙江省建工集团，成为技术中心的一员，此时正逢BIM技术风生水起。近6年来，他和同事们一起，在BIM掌握应用上不断探索前行并乐在其中。

在过去几年中，他还自学无人机操作技术，不断提升自身技术能力。他钻研运用无人机进行地形测绘，提升施工效率、节约时间成本。根据已开展项目的实施经验，他总结编写了《无人机倾斜摄影地形测量作业法》，用于指导公司其他团队学习；运用三维扫描仪，将BIM技术与现场实际的点云模型相结合，精确测量现场施工的偏差，进行装饰装修的二次深化设计，避免材料加工的误差和返工，同时提高工程成品的美观性。

尹继刚，这位年轻的“浙江金蓝领”“浙江青年工匠”，是BIM工作的佼佼者。他勇敢地站在建筑行业技术创新的潮头，带领同样年轻的同事们搏击奋进，用自己的奋斗激情、创新思想为传统行业带来了创新动力。他们担负着建设者的使命，以敢于创新的作风、一往无前的姿态，逐梦前行。

潘孙鹏，邵丽.玩转BIM的95后——记浙江金蓝领、浙江青年工匠尹继刚[J].建筑，2022（9）：26-28.

## 三、大国工匠铸就强国复兴之路

大国工匠担当着大国崛起、民族复兴的伟大使命，具有大情怀、大担当、大创新、大创造的精神和品质。要实现民族复兴的伟大梦想，需要培育大批高素质的技能人才、能工巧匠和大国工匠。青年的历史使命就是要成为新时代技能人才、能工巧匠和大国工匠，为全面建成社会主义现代化强国而奋斗。

### （一）崇尚工匠精神是中华民族的优良传统

中华民族崇尚工匠精神，表现为对发明创造的不懈追求。历史是一个民族、一个国家形成、发展及其盛衰兴亡的真实记录，是前人各种知识、经验和智慧的总汇；当代中国是历史中国的延续和发展，只有坚持从历史中走向未来，从延续民族文化血脉中开拓前进，才能做好今天的事业。在漫长的历史长河中，中华民族创造了光辉灿烂、享誉世界的中华民族文化。这些优秀的传统文化体现了古代能工巧匠专注执着的工匠精神。在我国，工匠精神源远流长，从《庄子》中的“庖丁解牛”、商周时期的“百工”之盛，到民间尊称鲁班为“百工圣祖”，无不展现了国人对这些古代工匠的认同与尊重。造纸术、指南针、火药、印刷术是中国古代四大发明，它们是中国古代能工巧匠的智慧成果，是中国古代先民为世界留下的一串光耀的足迹，是人类文明巨大进步的象征。马克思对我国古代四大发明有较高的评价，他在《机器，自然力和科学的应用》中写道：“火药、指南针、印刷术——这是预告资产阶级社会到来的三大发明。火药把骑士阶层炸得粉碎，指南针打开了世界市场并建立了殖民地，而印刷术则变成新教的工具，总的来说变成科学复兴的手段，变成对精神发展创造必要前提的最强大的杠杆。”[①]古代中国伟大的建筑工程，如万里长城、大运河、都江堰、故宫等，都离不开能工巧匠的辛勤创造。

中华民族崇尚工匠精神，亦表现为对科技创新的迫切需求。当前，科技发展日新月异，传统意义上的很多劳动将逐步被机器人替代，很多重复性的劳动岗位将会消失。拥有工匠精神的劳动者，能够在工作中不断传承创新，追求极致，一定将成为科技创新的主力军和重要推动力。历史证明，任何科技的发展都不能替代劳动者的大脑和双手，中国梦的实现需要工匠精神。新时代的工匠精神源于传统，但加入了创新元素，注重产品的突破性和创新性，更强调创造性。透过北京冬奥会和冬残奥会，世界更加清晰地看到了中国在科技创新方面取得的显著成就。从可以实现5G高清赛事直播的冬奥列车、氢燃料电池车到智慧餐厅等，诸多创新技术集中展示了我国科技创新成就。

### （二）新时代呼唤大国工匠

新时代是培育大国工匠的关键期。进入新时代，意味着近代以来久经磨难的中华民族迎来了从站起来、富起来到强起来的伟大飞跃，迎来了实现中华民族伟大复兴的光明前景。这个新时代，是承前启后、继往开来、在新的历史条件下继续夺取中国特色社会主义伟大胜利的时代；是决胜全面建成小康社会、进而全面建设社会主义现代化强国的时代；是全国各族人民团结奋斗、不断创造美好生活、逐步实现全体人民共同富裕的时代；是全体中华儿女勠力同心、奋力实现中华民族伟大复兴中国梦的时代；是我国日益走近世界舞台中央、不断为人类作出更大贡献的时代。这是中国共产党向全国人民发出的新时代的进军号，也是中国共产党和中国人民向全世界发出的庄严宣告。

新时代呼唤担当民族复兴大任的技能人才。建设社会主义现代化强国的战略安排为广大青年指明了历史使命、奋斗目标和前进方向。对于当代青年而言，为全面建设社会主义现代化强国而奋斗，既是时代赋予的历史使命，也是实现全面发展的最好途径。要实现民族复兴伟大梦想，需要建设知识型、技能型、创新型青年劳动大军，需要培育大批的高素质的技能人才、能工巧匠和大国工匠，还需要我们各条战线协调并进，奋发向上，砥砺前行。

人无精神则不立，国无精神则不强。精神是一个民族赖以生存的灵魂，唯有精

① 马克思．机器。自然力和科学的应用[M]. 自然科学史研究所，译．北京：人民出版社，1978：67.

神上达到一定的高度，这个民族才能在历史的洪流中屹立不倒、奋勇向前。工匠精神正是支撑中华民族延续的重要精神品质之一。工匠有着悠久的历史，最早将工匠作为职业提出的是先秦时期的文献《考工记》。《考工记》曾经指出："国有六职，百工与居一焉。"我国历史上不乏能工巧匠，有钻燧取火的燧人氏、农业始祖后稷、房屋之祖有巢氏、木工之祖鲁班等。众多的技能工匠推动了人类文明的发展。不同时代的工匠被赋予了不同的含义。传统工匠是从事传统手工业生产的劳动者，主要指在家庭、作坊或在手工工场里劳动的技术工人，所以又常常与"工"或"工人"同称。与现代工匠相比，传统工匠在劳动手段、生活方式和身份地位上都不一样，但关键的区别还在于技术形态与角色构成的不同。我们所讲的"大国工匠"和古代一般意义上的工匠含义是不同的，大国工匠是站在新的起点上，带着新时代的使命与担当，具有责任意识和创新精神的建设者。

### （三）做担当民族复兴大任的大国工匠

青年兴则国家兴，青年强则国家强。青年一代有理想、有本领、有担当，国家就有前途，民族就有希望。一个有远见的民族，总是把关注的目光投向青年；一个有远见的政党，总是把青年看作推动社会前进的最活跃力量。中华民族的伟大复兴需要一代又一代青年人的不懈努力，每一代青年都肩负着自身的历史使命。

时代青年需要扛起担当使命。"世间才杰固不乏，秋毫未合天地隔。"新使命需要新担当。青年是国家宝贵的人才资源，是祖国的未来，身上肩负着人民的重托、历史的重任。当代青年学子作为时代技能新人，要以民族复兴为己任，要不忘初心，放眼世界，笃定前行，听党话，跟党走，以高扬的精神旗帜为指引，以强大的精神支柱为支撑，为实现中国梦而努力奋斗。五四运动中的呐喊、抗日烽火中的身影、"两弹一星"中的汗水、改革开放中的激情，都体现了每一时代青年的使命和担当。

德技并修，提升综合素质。新时代的青年学子要想在激烈的竞争中脱颖而出，就必须增强政治思想素质、科学文化素质、心理品格素质和身体素质，要树立正确的价值观，坚定"四个自信"，要努力学习技能，夯实基础。青年学子要始终保持"百尺竿头更进一步"的拼劲，向世界不断汲取新的知识、学习新的技能，竭力跟上新时代的发展步伐。

敢拼敢闯，练就创新的魄力。创新不是无本之木、无源之水，不具备一定的理论基础和眼界见识，很难创造出新的事物。青年学子要树立改革创新意识，增强改革创新能力，做改革创新的新生力军。

## ◉ 案例1-3

### 用敬业精神擦亮中国制造　杭州设立首个“工匠日”

在2019年杭州市两会上，11名代表联名建议，将中国自行设计建造的第一座双层铁路公路两用桥——钱塘江大桥的建成通车日9月26日设为“工匠日”。经杭州市第十三届人民代表大会常务委员会第十八次会议审议决定，从2019年起，将每年9月26日设立为“工匠日”。

时代呼唤大国工匠，国家战略需要创新实践。作为历史文化名城、创新活力之城，培育工匠精神、工匠制度和工匠文化，杭州根基深厚、大有可为。从距今5000年的良渚文化、北宋年间杭州书肆刻工毕昇发明活字印刷技术，到近现代被联合国教科文组织授予“工艺与民间艺术之都”，杭州有众多老字号企业，会聚了大批工艺美术大师。近年来，杭州市委、市政府倾力支持培育工匠文化，鼓励壮大能工巧匠队伍，适应科技革命和产业变革，促进产业发展动能转换。做强“杭州工匠”品牌，先后出台“科技创新30条”“人才新政27条”“关于提高技术工人待遇的意见”等政策。杭州市总工会组织各类活动，讲好工匠故事，厚植工匠文化。坐落于杭州河坊街的“江南铜屋”，参观者络绎不绝。这是“全国五一劳动奖章”获得者、中国工艺美术大师朱炳仁所建的铜雕艺术博物馆。朱炳仁家族五代人钻研铜艺。如何培养工艺传承的接班人，让工匠精神真正传承下去，是朱炳仁一直以来思考的问题。他说：“‘工匠日’可以为杭州的工匠们做更多实事，把工匠精神传承下去，并让这种精神走出国门、走向世界。”

发展高端制造业不仅需要高端装备、高端技术，更需要高端的技能人才队伍。郑荣胜说，设立“工匠日”有助于达成社会共识、凝聚创新动能，只有坚持弘扬工匠精神，才能打造领先世界的中国速度和中国精度，擦亮中国制造品牌。

目前，杭州正加快培育、认定一批既懂制造业又懂数字经济的复合型高技能人才，吸引着大批有梦想、有创新、有钻研精神的优秀工匠来杭就业和创业。

杭州市政协委员、首届“杭州工匠”葛小青表示，“工匠日”的设立，显示出很强的导向性，企业将更加重视“行业工匠”的培养；同时，也将激发广大产业工人学知识、学技能的职业精神和积极创新创造的工匠精神。

江南.用敬业精神擦亮中国制造[N].人民日报，2019-09-12（15）.

# 第二节　百年初心　红色根脉

红色根脉是党在浙江百年奋斗中最鲜明的底色，是伟大建党精神和“红船精神”的集中体现与血脉赓续，凝聚着党的百年初心，承载着党的重大历史使命。新中国成立以来，浙江职业教育始终坚持社会主义办学方向，锚定职教初心，守好“红色根脉”，探索职业教育新模式，树立职业教育新标杆，实现职业教育新发展。

## 一、红船启航，锚定职教初心

1921年，承载着共产主义远大理想的革命红船在浙江嘉兴扬帆起航。作为红船精神发源地的浙江，勇立时代潮流，坚定社会主义发展方向，大力兴办职业教育。一百多年来，浙江职业教育始终坚定办学初衷，为浙江的工匠人才培养和经济社会发展作出了重要贡献。

### （一）扬帆起航，调整职教发展方向

确立社会主义办学方向。培养什么人、怎样培养人、为谁培养人是教育的根本问题。浙江职业教育起源于19世纪末，“工商立国”的经济政策使我国民族资本主义经济得到初步发展。1949年，浙江全面解放，杭州军管会文教部接管了浙江省教育厅机关。1949年下半年，杭州军管会文教部按照“维持现状、稳步改造”的方针，开始对浙江原有的职业学校进行社会主义改造。浙江省在“人民政府的文化教育工作，应以提高人民文化水平，培养国家建设人才，肃清封建的、买办的、法西斯主义的思想，发展为人民服务的思想为主要任务”[①]的教育政策的指导下，从1949年到1956年，确立了“为国家建设服务、为工农开门”的职业教育办学方针。

**拓展**

**中国共产党对职业学校的接管与调整**

1949年上半年，浙江省共有职业学校32所，其中，公立12所，私立20所，在校学生4451人，教职员工719人。1949年下半年，浙江省各县市人民政府全面接管浙江省的教育工作。浙江省人民政府按照“维持现状、稳步改造”的方针，接管了所有职业学校，有步骤地、谨慎地进行整顿和改造。1951年下半年到1952

① 中共中央文献研究室.建国以来重要文献选编（第一册）[M].北京：中央文献出版社，1992：11.

年9月，浙江省人民政府将原来接受外国津贴的8所职业学校全部接收，与当地的公立职业学校合并，收回了教育主权。根据国家建设需要，1949年，浙江增设了省立杭州医院护士学校、省立衢州医院卫生学校。1950年，又在杭州、宁波、温州、嘉兴、衢州各新办一所农业技术学校。1952年建立了浙江省杭州水利学校（后改名为杭州建筑工程学校）、杭州工人技术学校。1951年，对部分职业学校进行了调整。原国立高级水产职业学校并入上海吴淞水产专科学校；原国立湖州高级蚕丝职业学校与杭州蚕丝职业学校合并组成浙江省蚕桑技术学校；省立宁波高级工业职业学校、杭州私立大陆高级测量职业学校与省立杭州高级工业职业学校合并组成浙江省立工业干部学校（后与杭州纺织工业学校合并，改名为杭州工业学校）。经过初步调整，到1952年，全省职业学校调整为35所，其中，公立28所，私立7所。

张彬等. 浙江教育发展史[M]. 杭州：杭州出版社，2008：367-368.

改造不合时宜的课程内容。1950年，浙江职业教育在党的领导下，取消了原来的“国民党党义”“公民”“童子军”“军训”等不符合社会主义性质的课程，逐步开设了“新民主主义论”“社会发展史”“中国革命常识”“时事政治”等与社会主义建设相一致的思想政治理论课程，旨在培养和确立职教学生的辩证唯物主义世界观。同时，为适应国家工业建设发展需要，浙江省职业教育积极主动地根据“必要的保留、不必要的删除、重复的合并、该增设的增设”原则，对原有的课程内容进行改革，删除原来重复的、不合时宜的专业内容，增设了急需和空缺的专业，如无线电、化工生产过程与自动控制等专业。

### （二）适应需求，调整职教结构体系

调整职业学校办学性质和专业结构。新中国成立之初，浙江公立职业学校只有12所，私立职业学校有20所。私立职业学校数量多，办学质量参差不齐，办学渠道和办学经费各不相同。浙江省政府按照“积极维持、稳步改造、重点补助”的原则对原有的私立职业学校进行整顿和改造，适当解决学校存在的困难，尽快使其恢复教学秩序。经过调整和改造，截至1952年，全省共有35所职业学校，其中公立职业学校变成28所，私立职业学校只剩下7所。“一五”计划期间，浙江省教育厅按照专业化、单一化原则再一次对职业学校进行结构调整，将业务或专业相同的职业学校进行合并，将多学科综合性学校改为单科性学校。再次调整后，至1955年，职业学

校由原来的35所调整为19所。

重点发展中等职业学校和农业学校。1952年起，浙江省贯彻落实政务院关于教育改革的指示，本着发展中级技术学校为主的原则，把原有办学条件较好的高级职业学校分别改为以培养中级技术人才和管理人员为目标的中等技术学校，原有的初级技术学校则不再招生。1958年以后，为贯彻落实“坚持中等职业教育与生产劳动相结合”的教育方针，积极响应“大力办好农业学校”的国家号召，浙江省大力创办和发展农业学校和半工半读学校。至1965年，全省有半工或半农半读中等职业学校310所，在校学生有50434人；农业中学有1590所，在校学生66257人。[①]

### （三）德能兼备，转变职教育人理念

坚持以德为先，注重匠心培育。浙江职业教育在党的领导下，始终坚持以德为先，注重匠心培育。1957年，毛泽东同志指出：“我们的教育方针，应该使受教育者在德育、智育、体育几方面都得到发展，成为有社会主义觉悟的有文化的劳动者。”[②]在社会主义教育方针的指导下，浙江职业学校纷纷开设了德育课程，对学生进行“爱祖国、爱人民、爱劳动、爱科学、爱护公共财物”的五爱教育，对学生进行远大理想、集体主义、共产主义道德品质教育，使学生坚定为共产主义事业服务、为人民服务的政治立场。同时，还通过制定《爱国公约》《班级公约》《学生守则》等行为规范准则，加强对学生自觉纪律的培养，使学生养成自律的习惯。

坚持技能为要，注重能力培养。新中国成立后，逐渐形成以技术为导向的职业教育。1949年9月29日，中国人民政治协商会议第一届全体会议通过的《中国人民政治协商会议共同纲领》指出：“注重技术教育，加强劳动者的业余教育和在职干部教育。”新中国成立初期，百废待兴，进行社会主义现代化建设，尤其是工业化建设，急需大量的技能型人才。浙江职业教育在党的领导下，坚持技能为要的育人理念，注重加强对学生的能力培养。在课程设置上，注重加强对学生专业能力的培养，将课程分为基础课、专业基础课和专业课三个类别；在教学环节上，注重加强实践性教学环节，将教学分为课堂教学、教学实习和生产实习三个环节；在教学方法上，重视直观教学，重视野外实习和工业见习；在考试评价上，不但重视理论考查，而且高度重视对学生实践能力的考查。

---

① 张彬.浙江教育发展史[M].杭州：杭州出版社，2008：430.

② 中共中央宣传部，中共中央文献研究室.论文化建设——重要论述摘编[M].北京：学习出版社，中央文献出版社，2012：32.

坚持创新引领，注重品质涵养。创新是社会发展的第一动力。新中国成立之初，我们的工业现代化建设、农业现代化建设、国防现代化建设都处在起步阶段，特别需要一大批具有创新精神和创新能力的专业技术人才。为培养国家建设所需要的创新人才，浙江省全面改造职业教育，提升职业教育的发展品质。首先，加强教师培训，提升教师的业务能力。一方面，大力发展师范类学院，从源头上为职业学校输送高质量的师资队伍；另一方面，对于在职教师加强短期轮训，加强教材教法学习研究，从而提升在职教师的业务能力。其次，建立教学组织，改进教学方法。随着教学内容的修订，为了提升教学质量，培养创新型人才，浙江省职业教育学校纷纷开始建立教学组织，进行教学方法改革。各所职业学校在院系结构调整后，逐渐建立教研组，对于新课程或合并的课程，要求必须在课堂授课之前先在组内进行预讲。同时，开展组际教学座谈会，避免不同课程之间的重复或脱节。建立和健全集体备课制度、课后评议制度、考试考查制度等教学机制。

## ◉ 案例1-4

### 弘扬红船精神　守好红色根脉　培育时代新人

“红船精神+”思政课，已成为嘉兴职业技术学院（以下简称嘉职院）一张闪亮的“金名片”。根植于红船起航地这一深厚土壤，嘉职院充分发挥政治优势和资源优势，从2012年底起，立项开展“红船精神融入思政课实践教学”“红船精神融入大学生思想政治教育研究”等一批省部级项目研究，深入挖掘红船精神的育人价值，确立“红船铸魂”育人理念，遵循“知、情、意、行”育人规律，以红船精神认知教育为基础、情感化育为核心、意志塑造为重点、实践锤炼为关键，将红船精神的科学内涵与新时代大学生理想信念、创新创业、奉献社会等教育融合起来，磨炼学生艰苦奋斗的品质，锤炼学生创新创业的品行，培养学生甘于奉献的品格，为高职院校运用红色文化资源铸牢立德树人之魂提供了范式。

“整个车间，不同岗位，都有嘉职院学子的身影，有工艺管控的，也有产品研发的，尤其是在北斗天线中，他们发挥了不小的作用。”作为嘉兴市欣禾职业教育集团的牵头单位，嘉职院与北斗组网卫星天线关键零部件供应商嘉兴佳利电子有限公司合作，在企业内组建了正原电气学院，将学生的部分实训场地从学校搬到了企业一线。2020年7月，我国北斗三号全球卫星导航系统正式开通，其中就蕴含着嘉职院与佳利电子校企合作育人的成果。双方合作的11项省市级科技项目应用于北斗卫星导航信号接收技术领域，取得了“GPS北斗双模定位装置”等7项发明专利和10项实用新型专利等技术成果，为企业参与国家北斗计划建设发挥了重要作用。

这是红船精神融入企业课堂的一个缩影。嘉职院积极拓展红船精神育人新阵地，加快打造“互融共生”校企命运共同体，与南湖景区、嘉欣丝绸等352家单位开展校企合作，共建36个“双融双促红色共同体”。结合岗位实训，建立校企红色双师指导制度，合作开发实训手册，开展“红船卫士”护亚运、“红船先锋”帮复产、“红船工匠”助“北斗”科技攻关等系列实训项目，增强了红船精神在实训中的“黏合度”，实现了红船精神在企业课堂中的领航作用。

付梦婕.嘉兴职业技术学院：弘扬红船精神 守好红色根脉 培育时代新人[N].嘉兴日报，2021-06-30（20-21）.

## 二、红色导航，担当职教使命

改革开放以来，与浙江经济发展同频共振的职业教育也经历了翻天覆地的变化。从起步到壮大、从规模扩张到内涵提升，浙江职业教育紧跟浙江经济社会发展的步伐，逐步构建起了浙江现代职业教育体系。

### （一）完善体系，构建浙江现代职业教育体系

教育现代化是国家现代化的基础支撑和引擎。1978年，党的十一届三中全会在北京召开，拉开了社会主义现代化建设和改革开放的序幕。2000年，浙江省委、省政府召开全省教育工作会议，出台了《浙江省教育现代化建设纲要（2000—2020年）》，提出了“教育思想现代化、发展水平现代化、教育教学体系现代化、条件保障现代化、管理水平现代化”等教育现代化基本要求，吹响了浙江教育现代化发展的号角。

重点发展中等职业教育。首先，为了适应就业和市场需要，浙江省政府决定快速增加中等职业学校的数量。1977—1984年，浙江全省中等专业（技术）学校由32所迅速增加至73所；至2000年，全省中等职业学校数量高达592所，为浙江省经济发展培养了大量的技术人才。其次，加强中等职业教育的课程改革，提升中等职业教育质量。2008年，浙江省教育厅在全国率先启动“公共课程＋核心课程＋教学项目”的专业课程改革。2014年，浙江省又启动了中等职业教育课程改革，赋予学生升学、就业、专业、课程、学制等多方面的选择，赋予教师更多的课程开发权，赋予学校更多的课程设置权。经过一系列的教学和课程改革，在“尊重个性、挖掘潜

力”的教育理念支撑下，浙江中等职业教育的学生潜能被激发，许多学生通过努力，在自身专业领域取得了骄人的成绩。最后，打通了中等职业教育升学的壁垒。从前，中职生头顶总有一块厚厚的天花板挡住他们的发展道路。为了打破这层天花板，浙江省教育厅着力完善职业教育体系，推进“中高职一体化”和“中本一体化”人才培养模式改革，制定和实施中等职业教育和高等职业教育、应用型本科相互衔接的课程体系。近年来，“3+2”、五年一贯制等中高职一体化及中本一体化人才培养模式一经推出，很快受到热捧。

积极发展高等职业教育。改革开放以来，国家通过大力发展中等、高等职业教育，初步构建起职业教育体系，为全面推进和深化现代职业教育体系建设奠定了基础。省域层面，浙江省高等职业教育历经初创、规模发展、内涵建设和优质提升等阶段，从无到有、从弱到强，取得了前所未有的巨大成就。40多年来，浙江省高职教育战略地位逐渐凸显，高职教育重要性日益突出；多方联动，高职教育办学主体更加多元；办学条件逐步改善，办学需求得到保障；注重内涵建设，高职教育质量显著提升，不仅在高职教育领域改革中扮演了开拓者和先导者角色，发挥了引领和示范作用，还坚持灵活性、地方性，走出了一条符合自身实际又具有鲜明特点的高职教育发展道路，为浙江社会经济发展培养了一大批高端技能型人才。

## 拓展

### 高等职业教育发展的政策支撑

高等职业教育的发展始于20世纪80年代初，应运而生的是以面向地方、服务经济、培养技术应用型人才为目标的职业大学。1985年，《中共中央关于教育体制改革的决定》确立了“积极发展高等职业技术院校”的发展目标，这对高等职业教育的发展起到了推进作用。进入20世纪90年代，我国高等职业教育进入重要的发展时期。1994年召开的全国教育工作会议创造性地提出“三改一补”的高等职业教育发展方针，使我国高等职业教育的发展政策发生重大转变。1998年，教育部提出“多渠道、多规格、多模式发展高职教育”，高等职业教育进入快速发展期。2014年，国务院作出了《关于加快发展现代职业教育的决定》，提出2020年建成具有中国特色、世界一流的现代职业教育体系。2015年，教育部《高等职业教育创新发展行动计划（2015—2018年）》提出，三年内创新高职教育发展形式，提升高等职业教育的办学质量。2019年，国务院出台《国家职业教育改革实施方案》，整体搭建职业教育体制机制改革的“四梁八柱”。2020年，教育部等九部门印发《职业教育提质培优行动计划（2020—2023年）》，进一步确立国家宏观管理、省级统筹保障、学校自主实施的工作机制。2021年，中共中央办公厅、国务院办公厅印发的《关于推动现代职业教育高质量发展的意见》，深入推进职业教育改革，推动不同层次职业教育纵向贯通，促进不同类型教育横向融通，为全面建设社会主义现代化国家提供人才和技能支撑。

### （二）顺势而为，推动高等职业教育跨越式发展

改革开放初期，因资金匮乏、场地简陋、设备落后，职业教育曾一度陷入了“黑板上开机器”的窘境。如何增强职业教育的适应性，增强职业学校服务浙江经济社会发展的能力？浙江交出了实践答卷，为职业教育发展“保驾护航”。

加强高等职业院校专业建设。20世纪末，在社会主义市场经济体制的引领下，浙江开始大力发展以市场为导向的民营经济和以农村工业化和小城镇发展为主线的区域经济，产业结构经历了从“二一三”到“二三一”，再到“三二一”的结构性转变。随着产业结构的调整与升级，社会上对具有新型知识结构、高素质和高技能的专业人才需求越来越大。高等职业院校为适应这一社会要求，制定了新的教育方针，加强专业建设和专业结构调整。浙江省教育部门强调，专业设置必须以贴近地方经济、强化专业特色为基本遵循。一方面，高等职业院校根据地方经济发展需要增设了光电子技术、材料科学、国民经济管理等市场需求量大的相关专业；另一方面，对于就业形势不太好、与社会经济发展形势不相适应的专业加大了调整和改造力度。调整后，浙江省高等职业院校专业设置呈现出以下三个特点：一是适应国家工业化建设的工科专业布点最多；二是人才市场需求量大的如经济、管理类的专业增长较快；三是长线专业、市场需求量小的传统专业逐步缩减。

推动高等职业教育内涵式发展。2006年以来，在国家教育部门的有力引导和推动下，浙江大力发展高等职业教育。高等职业教育发展思路日渐清晰，政策体系不断完善，高等职业学校的办学定位、发展目标和实现路径更加明确，高等职业教育进入规模扩张和内涵建设并重、深化改革和监督管理并举的发展阶段。浙江高等职业教育抓住政策和历史机遇，在前一阶段快速起步和充实整顿的基础上，主动适应产业结构调整优化需要，调整高等职业学校布局，扩大办学规模，优化人才培养结构，深化办学模式和人才培养模式改革，初步形成了公办高职与民办高职并行、学历教育与技能培训并举、人才培养与技术服务相互促进以及人才质量与产业需求相适应的办学格局。

### （三）创新发展，推动职业教育全方位改革

创新是民族进步的灵魂，是一个国家兴旺发达的不竭源泉，也是中华民族最深沉的民族禀赋。浙江在坚持职业教育创新发展的过程中，坚持“育人为本，德育为先”，不断推进思想政治教育的内容创新和方法模式创新。浙江高职院校充分利用“红色根脉”独特资源，深入挖掘红色资源的当代育人功能和时代价值，不断推动实践育人的方法创新和载体创新。2021年以来，浙江旅游职业学院、浙江商业职业技术学院以及浙江机电职业技术学院等高职院校充分挖掘浙江红色资源，辅以多维现代化展陈手段分别建成“红色之旅”主题馆、“精神的力量——中国共产党人的精神谱系”展示馆、筑牢“红色根脉”主题教育实践基地等现代红色教育展馆，通过馆课结合与馆校合作，用“红色根脉”涵养浸润工匠精神，让“红色根脉”成为培养大国工匠、能工巧匠的丰富资源和精神动力，用红色基因铸魂育人，彰显高职教育立德树人的鲜亮底色，更好地培养立志为中国特色社会主义事业奋斗终身的高素质劳动者和技术技能人才。

调整专业结构和学校布局。浙江始终把职业教育专业设置与学校布局调整作为引导职业教育紧贴地方经济社会发展需要、服务产业转型升级的重要抓手。2010年，浙江以设区市为地缘单位开展中职专业结构和学校布局调整工作，引导职业学校增设全省产业转型升级急需专业，加快培育发展战略性新兴产业的相关专业，加大与区域经济社会发展需求密切结合专业的建设力度。通过几年的布局调整，进一步集中和优化职业教育资源。党的十八大以来，浙江探索建立职业教育分级统筹机制，不断强化高等职业教育学校布局和专业结构统筹，加强顶层设计和政策供给。设区市强化对中职教育发展的区域统筹，从统筹专业设置入手，在更高层面实现优化布局和合理分工，提高职业教育办学效益和核心竞争力。

加强中高职之间的衔接。为增强职业教育吸引力，浙江一直致力于推进中高职协调发展。2012年，浙江省教育厅制发了《关于印发〈浙江省推进中高职一体化人才培养模式改革工作方案〉的通知》，明确提出进一步统筹中等和高等职业教育协调发展，扩大高职教育面向中职毕业生的招生规模，提高高职专升本比例。在推进一体化人才培养模式改革的过程中，中高职院校结合浙江专业课程改革的基础和成果，进一步明确各自办学定位，科学合理确定各专业在中高职阶段各自的培养目标、教学任务、教学要求和教学方法，减少课程内容重复，制定和实施中等、高等职业教育相互衔接的专业课程体系。

探索四年制本科层次高职人才培养模式。为深化技术技能人才培养模式改革，

加强高端技术技能人才培养，推进浙江经济转型升级和产业结构调整，浙江依托高水平高职院校联合本科高校先行开展四年制本科高等职业教育人才培养试点。浙江机电职业技术学院、浙江金融职业学院、浙江经济职业技术学院、温州职业技术学院、金华职业技术学院等高职院校，分别联合本科高校，按照“依托高职优质资源、联合本科举办、发放本科文凭、高职院校办学”的原则招生，推进了职业教育高层次人才培养试点，是高层次职业教育人才培养的一次有益的改革和创新。

## ◎案例1-5

### “红船战士”携笔从戎　三代人传承接力延续报国梦

顾一东，出生于“红船精神”发源地的浙江嘉兴南湖，2019年毕业于浙江交通职业技术学院，是学校第一届海军军士毕业生，目前服役于中国人民解放军海军某扫雷舰大队。2016年，刚结束高考的他毅然报考了浙江交通职业技术学院海军军士生。2019年，凭借过硬的技能和出色的综合表现，他光荣入伍，正式成为一名海军战士。2021年，入伍三年的他被记三等功，其家庭被授予“三等功臣之家”称号，事迹在“人民海军”公众号公开报道。

不忘初心，传承军魂

“部队是个好地方，能全方位培养和锻炼你的品格。我希望你严于律己，在部队里发挥特长，真正成长为对社会、对国家有用的人。”军人父亲的谆谆教诲，始终激励着顾一东，引领着他的青春航向。在外祖父和父亲的影响和言传身教下，从小在军人家庭长大的顾一东，在心底立下了从军报国的坚定信念。三个年代、三名军人、三套军装，从战火纷飞到盛世太平，三代人的坚持，传承不变的“军魂”。

千锤百炼，淬火成钢

2016年夏天，高考结束后的顾一东凭着一腔热血，毅然报考浙江交通职业技术学院海军军士生，把军魂继续传承，投身到保卫国家、守护人民的光荣事业当中。在校期间，他努力学习、刻苦训练，毕业时其职业适应能力评价中的军政素养考核、专业综合测试、军事体能考核三项成绩均名列前茅，多次获得奖学金，荣获“优秀团员”“优秀教官”“优秀士官生”等荣誉称号。才圆大学梦，又续军旅情。到达部队后，他牢记外祖父和父亲的嘱托，快速从一名军士生转变成一名能在多个岗位上任职的海军战士。在日常的军事训练中，他时刻发扬不怕苦、能吃苦、肯吃苦的军人精神，始终将“训练大餐”视为身体和精神食粮，努力将自己的军事能力和专业技能练到极致。

书写青春，尽展风采

在部队的大舞台上，顾一东将学生时代的各项才能施展得淋漓尽致。也正是他在校学习期间从学生干部的岗位历练中积累的组织才能，让他在部队里的军旅生活变得丰富多彩。目前，他担任着单位团支部副书记一职，不仅担负着新形势下建设团支部工作的职责，还充分利用他的智慧才能与战友们创造丰富的军营文化生活。

入伍仅三年的年轻“红船战士”顾一东，用忠诚和担当书写了新时代革命军人保家卫国的形象。

浙江交通职业技术学院供稿

## 三、红心续航，谱写职教新篇

党的十八大以来，在以习近平同志为核心的党中央的高度重视和坚强领导下，浙江职业教育走进新时代的高质量发展阶段。当前，我国正处于开启全面建设社会主义现代化国家新征程、向第二个百年奋斗目标进军的关键时期。浙江职业教育坚持以习近平新时代中国特色社会主义思想为指导，以培养高素质技术技能人才为使命，深化产教融合，努力实现从快速发展向高质量全面发展的历史性跃变，奋力当好“红色根脉”传承人、守护者，领航职教新发展，续写职教新篇章。

### （一）勇于突破，创造职业教育发展新业绩

高质量发展的职业教育是推动产业转型、区域发展的重要力量，为巩固壮大实体经济根基、加快推进制造强国和质量强国建设以及促进服务业和战略性新兴产业的发展提供坚实的人力和技能支撑。

推动现代职业教育高质量发展。新时代，职业教育的重要地位和作用越来越凸显。在国务院关于职业教育发展相关文件和政策的引导下，浙江职业教育从追求规模扩张逐步向追求高质量发展转变。首先，推动一批普通本科高等学校向应用型大学转变。2015年，浙江省教育厅明确将浙江师范大学、浙江中医药大学、浙江科技学院、浙江传媒学院等41所普通本科院校作为应用型本科院校试点单位。应用型大学与学术研究型大学最大的区别在于人才培养目标和人才培养模式上的差异，应用型大学旨在培养面向生产、管理、服务一线岗位的应用性技术技能型人才。其次，完善高层次应用型人才培养体系。培养一批高素质、高水平专业技术人才是提高国家国际竞争力的时代需求。浙江紧跟时代步伐，积极发展以职业需求为导向、以实

践能力培养为重点、以产学研用结合为途径的专业学位研究生培养模式，加强专业学位硕士研究生培养，不断完善中高职一体化，中职、专科、本科相衔接的现代职业教育人才培养模式。

探索职业教育的新模式。设立职业教育改革试验区，是推进职业教育改革、探索新的发展模式和体制机制模式的重要途径。改革是发展的根本动力，改革无现成经验可循，必须通过先行先试，总结经验，然后推广。从2005年开始，教育部先后与12个地区签订协议共建国家职业教育改革试验区，其中包括浙江宁波国家职业教育与产业协同创新试验区。2013年11月，教育部批复同意宁波设立国家职业教育与产业协同创新试验区。该试验区主要立足服务浙江海洋经济发展战略、宁波创新驱动发展战略和区域经济转型发展，以杭州湾协同创新试验园和市级协同创新中心建设为突破口，发挥政府主导作用，引导学校、企业、行业协会等多元主体协同，构建具有区域特色的现代职业教育体系，提升区域创新能力和人力资源竞争力。

推动职业教育提质升级。一方面，推动职业教育数字化建设。数字化转型是职业教育高质量发展的新机遇、新动力。为深入贯彻落实习近平总书记关于数字化变革和职业教育的重要论述，2021年，浙江省教育厅印发《浙江省教育领域数字化改革工作实施方案》，统筹推进数字技术与教育管理、教学实践的深度融合，推动数字教育新基建、新模式、新格局和新生态建设，不断提升浙江职业教育现代化水平。另一方面，促进国际交流与合作。随着“一带一路”建设项目的实施，中国职业教育在“引进来”“走出去”中实现“再提升”，成为国际经济、技术和文化交流合作的重要载体。新时代，浙江紧跟时代步伐，加强高等职业院校国际合作办学，积极创新国际合作办学人才培养模式；努力增强合作办学项目学生的就业竞争力，从而提升职业院校的办学质量。2018年，浙江工商职业技术学院成为首批获教育部核准开展中外合作办学学历教育项目的高职院校。2022年，浙江海宁市职业高级中学入选教育部“中德先进职业教育合作项目首批试点院校”，该校的新能源汽车运用与维修专业为中德先进职业教育合作项目，为学生创造了更多样化的职业教育途径。

### （二）砥砺奋进，践行职业教育发展新使命

当今世界正经历百年未有之大变局，新一轮产业革命的深入发展对职业教育产教融合提出了更高的要求。深化职业教育产教融合发展对于推动职业教育实现高质量发展具有显著优势。对于职业教育而言，建设教育强国就是要完善职业教育培训体系，深化产教融合、校企合作，增强职业教育适应性。2017年12月，《国务院办公

厅关于深化产教融合的若干意见》(国办发〔2017〕95号)将产教融合作为促进经济社会协调发展的重要举措；2019年9月，国家发展改革委等六部委印发了《国家产教融合建设试点实施方案》，就新时代产教融合的推进进行了全面深入的部署。浙江及时出台《浙江省人民政府关于印发〈浙江省深化产教融合推进职业教育高质量发展实施方案〉的通知》(浙政发〔2020〕27号)，足以体现浙江高度重视并积极推进产教融合发展。

保障职业院校人才培养与企业产业需求实现有效衔接。产教融合、校企合作是高等职业教育发展和改革的关键决策。落实深化产教融合、校企合作需要高职院校在办学模式、人才培养模式、技术服务模式等方面进行系统改革，实现育人的体制机制创新。改革开放以来，我国职业院校积极遵循产业发展规律与技术技能人才培养内在规律，通过政校行企协同育人机制创新与改革，在职业教育的不同阶段，实现产教融合的不同类型的路径研究与实践，即“双师工作室”的共育路径、特色学院的特色路径、专业学院的多元路径与产业学院的融合路径。2017年，《国务院办公厅关于深化产教融合的若干意见》(国办发〔2017〕95号)对职业教育推进产教融合发展的路径给出清晰规划，明确校企联合设立产业学院。在产业结构转型升级与优化的国家战略背景与政策背景下，融入产业园区、对接产业链、建设产业学院已然成为高职教育实现产教融合的重要途径。产业学院具有学校与企业的多元产权结构、教育机构与企业特点的双重组织性质、教育公益性与企业经济效益的双重价值取向、行政管理与市场管理双轨运行机制的特征，其建设对新形势下全面提高职业教育质量、推进经济转型升级、培育经济发展新动能具有重要意义。

### (三) 提质培优，担当职业教育发展新作为

坚持社会主义办学方向不动摇。党的二十大报告提出，全面贯彻党的教育方针，落实立德树人根本任务，培养德智体美劳全面发展的社会主义建设者和接班人。坚持以人民为中心发展教育，加快建设高质量教育体系，发展素质教育，促进教育公平。党的领导是中国特色高等职业教育的鲜明本色，这既是理念的凝结，又是实践的升华。我国是中国共产党领导的社会主义国家，决定了我们的职业教育必须是中国共产党领导下的中国特色社会主义教育，必须坚持职业教育为人民服务、为中国共产党治国理政服务、为巩固和发展中国特色社会主义制度服务、为改革开放和社会主义现代化建设服务。要坚持党的领导，就必须坚持社会主义办学方向不动摇，聚焦立德树人这一职业教育的根本任务，牢牢把握“培养什么人、如何培养人和为

谁培养人”的教育根本问题，坚持不懈地推进以习近平新时代中国特色社会主义思想铸魂育人，坚持不懈地以红船精神、浙江精神激励和教育浙江职业院校青年学子，坚持不懈地推进红色文化教育，赓续“红色根脉”，传承红色基因，努力培养具有“之江匠心”特质的有理想、敢担当、能吃苦、肯奋斗的新时代之江大国工匠和能工巧匠，为推进“技能浙江”“两个先行”战略实施提供强有力的技能人才支撑。

坚持以提质培优为发展主线。面对职业教育进入新的历史发展时期，深刻认识职业教育“为党育人，为国育才”的历史使命，以提质培优为主线推进高职教育治理体系和治理能力现代化，培养服务区域发展的高素质技术技能人才是高职教育的重要使命。从宏观看，这是高等职业教育领域解决人民日益增长的美好生活需要和不平衡不充分的发展之间的矛盾的需要；从中观看，衡量高质量发展水平的指标是行业、区域高等职业教育人才培养的匹配度，即结构性质量；从微观看，要具体落实到每一所学校、每一个专业的人才培养和教育教学质量上。

坚持以满足经济社会和产业变革需求为发展方向。高职院校坚持面向市场、促进就业，围绕国家重大战略，紧密对接产业升级和技术变革趋势，优先发展先进制造、新能源、新材料、现代农业、现代信息技术、生物技术、人工智能等产业需要的一批新兴专业，加快建设学前、护理、康养、家政等一批人才紧缺的专业，改造升级钢铁冶金、化工医药、建筑工程、轻纺制造等一批传统专业，撤并淘汰供给过剩、就业率低、职业岗位消失的专业，鼓励学校开设更多紧缺的、符合市场需求的专业，形成紧密对接产业链、创新链的专业体系，推动学校布局、专业设置、人才培养与市场需求相对接；坚持面向实践、强化能力，实施以实践为主体的教学模式，按照生产实际和岗位需求设计课程，开发模块化、系统化的综合实训课程体系，推广工程实践创新项目教学、案例教学、工作过程导向教学模式，注重学中做、做中学，强化教学、学习、实训相融合的教育教学活动，提升学生实践能力，建立“学历证书+职业技能证书”的双证书制度，推广中国特色学徒制度，让更多职业院校青年学子凭借一技之长实现人生价值。

## ◎ 案例1-6

### “把平凡的技术千锤百炼，把‘中国质量’扛在肩上”

穿上防护服，戴上保护面罩，杭州技师学院教师杨金龙正在喷涂实训中心给学生们讲解汽车喷漆的要领。

已经打磨均匀平整的车身旁，各色漆料整齐地摆放在架子上。量杯里，随着漆料的增增减减，在杨金龙的精细调制下，便有了不同颜色。“打磨、调制颜料、喷涂等每个步骤都很重要，稍有不慎就会前功尽弃。”在杨金龙看来，汽车喷漆重在精益求精，每个细节都要把握好。

来自云南保山的一个农民家庭，1994年出生的杨金龙如今已是一名经验丰富的汽车涂装专业教师。同时，他还有另一个身份——第四十三届世界技能大赛汽车喷漆项目金牌选手。

2014年，第四十三届世界技能大赛汽车喷漆项目中国集训基地落户杭州技师学院。已经毕业并在一家汽车4S店工作的杨金龙，毅然决定辞去待遇优厚的工作，报名参赛。

世界技能大赛汽车喷漆项目喷涂厚度标准为0.13毫米，允许误差只有0.01毫米，大约相当于一根头发直径的1/6，而喷漆一般要喷五六层以上。

高技能背后是严苛的训练。夏日的杭州闷热潮湿，机器轰鸣的车间内，温度往往超过40摄氏度。按照要求，喷漆作业时，必须穿好工作服，裹得严严实实的杨金龙常常汗流浃背。而汗水与板件的接触会让漆面产生缺陷，湿了的工作服必须更换，一天训练下来，换七八套工作服是常有的事。

参赛前的那段时间，杨金龙几乎每天都训练10多个小时，常规训练计划之外还会主动加练。因为手持喷枪时间过长，回到宿舍，杨金龙经常需要给胳膊敷上冰袋缓解疼痛。“有时候疼到睡不着觉，胳膊几天抬不起来。”杨金龙说。

勤学苦练、精益求精，也是第四十五届世界技能大赛焊接项目金牌选手赵脯菠不断提升技能水平的秘诀。赵脯菠，1997年出生于四川凉山彝族自治州会理县。初中毕业后，怀揣着“学好一门技艺，实现自力更生”的想法，他报考了中国十九冶集团攀枝花技师学院电焊专业。

在校期间，为了练腕力，赵脯菠经常手托装满水的大饮料瓶，一站就是一个多小时；操作流程要点多，他总是第一个来到训练场，笔记本上密密麻麻记满了训练心得。

“什么是工匠？把平凡的技术千锤百炼，把‘中国质量’扛在肩上，这就是工匠。”备战第四十五届世界技能大赛焊接项目比赛期间，赵脯菠放弃了假期和休息，累计实训2万多次，只为把正确的焊接操作手法“刻在肌肉里”。

最终，在涉及4个模块、总时长18个小时的比赛里，赵脯菠完成了80多条焊缝、数百次起弧停弧，几乎做到零失误，以93.53分获得冠军。

在世界技能大赛的舞台上，金牌选手以实干锤炼技能，用汗水浇灌收获。“赛场上的好成绩推动着职业学校和技工院校教学水平的提高，金牌工匠们的励志故事也吸引了更多青年人投身技能学习。”中国工程建设焊接协会常务副会长刘景凤认为，培养各类职业技能竞赛优秀选手对我国职业教育的意义重大。

李心萍，姚雪青，王丹，等.学好一技之长 奋斗点亮青春[N].人民日报，2022-07-15（6）.

## 第三节　百工之乡　浙江精神

浙江自古以来人杰地灵，工艺底蕴深厚，素有“百工之乡”的美誉。品类繁多的手工技艺、创新发展的工艺特色、心灵手巧的民间工匠，共同铸就了“百工之乡”的丰富内涵和文化品牌。“百工之乡”的工匠精神历经千百年而薪火相传，历久弥新。秉承“百工之乡”的优良传统和求真务实、诚信和谐的精神特质，勤劳的浙江人民在千百年的奋斗中形成了伟大的浙江精神。广大职业院校青年学子要自觉传承“百工之乡”精髓，努力用浙江精神凝聚起奋进新时代的伟大力量。

### 一、“百工之乡”的匠心传承

底蕴深厚的工匠文化培育了“百工之乡”的文化内涵。浙江温州民间传说中的爱情故事《高机与吴三春》中的男主角高机，其实就是明朝嘉靖年间技艺高超的织绸工。有句俗语道：“瓯绸瓯绸，高机起头。”“高机绸”色泽鲜艳、品质上乘。再有“永康工匠走四方，府府院院（县县）不离康”，永康自宋代起就有许多铜匠、铁匠、锡匠走南闯北，做些打铜修锁、钉秤补锅的活，这正是永康崛起为“中国五金之都”的历史底版。

#### 拓展

**百工之乡：东阳**

“手艺是个饭食本”，这句俗语在浙江东阳广为流传，它反映了当地人对手艺活的重视程度。100多年来，从事手艺活成了大批东阳农民的主要谋生手段。习惯上，当地人把各种手艺总称为百工。东阳百工队伍以木匠、泥水匠、篾匠、雕花匠为主。他们中只有少数人留在本地工作，大多数人遍布在浙江乃至全国各地从事匠艺劳作。手艺匠人多是原浙江上八府地区的共同特点，但若以从业人数之多、影响之广而论，东阳最为突出，是浙江著名的“百工之乡”。

### （一）务实求真

继承“百工之乡”的文化传统，弘扬浙江精神。“浙江自古就有义利并重、农商并举的文化传统。这种地域文化哺育了浙江人特别能适应市场经济的思想观念和行为方式，成为发展市场经济的精神动力。‘义利并重’的价值观念和‘工商皆本’的文化传统，孕育了浙江人的经商意识和务实性格；先天不足的资源条件和人口密集的生存压力，造就了浙江人的自强意识和拼搏精神；对外交往的悠久历史和多样文化的相互激荡，塑造了浙江人的开拓精神和创新意识；‘百工之乡’的产业传统和尊师重教的文化积淀，哺育了浙江人的专业技能和聪明才智。”[①]浙江文化传统中这种“多元”的精神特质，千百年来始终流淌在浙江老百姓的血液中，像一种无声而强大的力量，始终支撑、引领和推动着浙江人民奋发向上，逐渐形成了浙江独特的文化精神和人文优势。

弘扬“求真”精神，践行“务实”作风。“实”之一字，可谓浙江精神的一以贯之之道。浙江精神不仅有丰富的实学理论，也不乏实学、实干的践行者。例如，“忠心义烈，与日月争光”的于谦，“终明之世，文臣用兵制胜，未有如守仁者也”的王阳明，“鉴湖女侠”秋瑾，“有学问的革命家”章太炎，他们皆是历史上浙江儿女中“实干家”的典范。当代青年应大力弘扬“求真”精神，始终把重实干、办实事、求实效作为座右铭。既要继承发扬中华民族优秀的历史文化传统，又要学习“百工之乡”的核心品质，做“百工之乡”传统的继承者和弘扬者。

### （二）至诚求信

身处商界，义在利先。这一信念千百年来被一代代浙商奉为圭臬。诚实守信成为浙江最美的风景线、最强的竞争力。诚信一直是浙江商业文明史上最耀眼的底色。在“义利双行”的价值旨归中，历代浙江商人建立起了讲义守信的朴素诚信观。“商圣”范蠡，不仅是“卧薪尝胆，三千越甲可吞吴”的总设计师，还变身“陶朱公”，倡导“顺势而为、伺机而动、公平诚信”的经商理念。至今仍是国药老字号的胡庆余堂，自建立起就奉行“戒欺”的经营理念和商业伦理，主张“采办务真”“真不二价”。其创办者胡雪岩奉行诚信经商的道德准则，认为“有诚信便能立世，无诚信则会失世”。同样，曾创下50个“全国第一”的“宁波帮”企业家，产生过俗称“四象

① 习近平. 干在实处 走在前列：推进浙江新发展的思考与实践[M]. 北京：中共中央党校出版社，2006：318-319.

八牛七十二金黄狗”工商巨子的湖州商人，之所以能取得骄人业绩，也是因为秉承了浙江精神中“诚信”的文化基因。这种基因经过世代的历史积累，已经对现代诚信社会的构建产生了积极的作用。

诚实守信，使得浙商从改革开放初期的默默无闻，到如今遍布世界各地。改革开放初期，相比南粤、上海等地，浙江的商业资源、资本几乎为零。但是浙商硬是凭着诚信进取的精神，从鸡毛换糖开始，走遍千山万水，吃尽千辛万苦，聚沙成塔，一步步成长起来。起步阶段一穷二白的浙商，脆弱到市场一有风吹草动就会“夭折”。正是靠着“以诚信为本”的理念，浙商最终赢得了市场的信任。20世纪80年代，如果没有杭州武林广场的怒烧假货，温州皮鞋可能早就湮没无闻了。改革开放40余年来，不论是在国内还是国外，浙商每到一座新城市，都是诚信守法老实做生意，同时仗义疏财，热心公益慈善，深受当地欢迎。

浙商精神润养工匠精神。2006年，时任浙江省委书记习近平在给浙江大学学子所作的报告中指出：“浙商不是一个虚拟的称呼，而是一些实实在在鲜活的人群。这些人群的背后，是浙江文化坚韧图强的主体性和务实重行的商业意识。”[①]比如宁波的“奉帮裁缝”，以及他们发展起来的服装产业；绍兴“日出华舍万丈绸”的纺织行业，以及闻名全国的中国轻纺城；又比如，“其货纤靡，其人善贾”的温州商人，以及他们创立的皮鞋、低压电器、打火机、眼镜等特色鲜明的产业群；还有来自“百工之乡”的金华人，发展起了东阳的建筑业、永康的小五金、浦江的书画水晶业等。“浙商”的特点——不等、不靠、不要，自谋出路，自主创业，所以浙江经济有“百姓经济”之说。浙江人是靠着经商传统，以亲带亲、邻带邻，自主开发市场的方式，为自己打造了“金饭碗”。正如费孝通先生的一句话——浙江人“白天当老板，晚上睡地板”，说的就是浙商不畏艰辛、坚韧不拔的精神品质。浙江正在用“百工之乡”千年传承下来的浙商精神培育工匠精神，重塑当代浙江人的文化自信。

## ◉ 案例1-7

### 温州的永恒记忆

1987年8月8日，在杭州市中心的武林广场，5000多双产自温州的劣质皮鞋被熊熊大火吞噬。这次烧鞋事件，便是第一把火：耻辱的警示。

---

① 本书编写组. 习近平与大学生朋友们[M]. 北京：中国青年出版社，2020：169.

第一把火：耻辱的警示

20世纪80年代，温州鞋成了温州人和温州经济阶段性的代名词。在武林广场烧鞋事件之前，温州鞋企已经发展到了6000余家。

“一把剪刀，一把锤子，一个煤球炉，就可以做皮鞋。”这样简易的流程使温州一时间大大小小的皮鞋作坊、小厂纷纷冒现在街头巷尾。而已经无处不在的温州供销大军，则将温州鞋运往各个城市。款式新颖的温州鞋，很快得到了消费者的青睐，温州鞋因此大行其道。此时，一些技术落后、工艺水平低下的企业，企图在邪道上一夜暴富，假冒伪劣的温州鞋因此大量进入市场。那一年，杭州相关部门检查市场上鞋子的质量，发现了18种鞋子的底板帮头是用纸壳做的，其中16种鞋产自温州。温州鞋的“金玉其外，败絮其中”，使得最初的价格优势很快为假冒伪劣所掩盖，人们将这种短命鞋称为“星期鞋”“晨昏鞋”。温州，也与“造假”并称而“扬名”国内。武林广场这把火使温州鞋成了不诚信的代名词。人们拒绝温州鞋，甚至捎带着不要温州货。

第二把火：复苏的见证

就在一些温州鞋厂挖空心思搞假联营的时候，一批更有胆魄和见地的老板，正在卧薪尝胆，下定决心一手抓质量，一手创品牌，打出“温州制造”的名声来。

1987年到1999年，12年一个轮回，温州人终于站到了鞋业和许多品牌的制高点上。当初蒙羞的大火到后来雪耻的大火，不是偶然，这是励志的结果，是自信的结果，更是温州人精神真正得以重塑的结果。

第三把火：征程的起步

2007年8月8日，与第一把火时隔20年，温州人在杭州武林广场再次点燃一把火，这把火，被称为“诚信之火”。与前两次大火不同，它不再是“烧”，而在于自觉“重燃”。这把火也脱离“皮鞋”这个主题，是温州从原始积累、“二次创业”到“第三次跨越”成就的全方位展示。

正是这三把火，烧出了温州的“诚信日”。

朱小燕.三把火：温州的永恒记忆[N].温州日报，2008-10-07（1）.

### （三）精益求精

精益求精的工匠精神是“百工之乡”千年传承下来的宝贵财富。改革开放之初，为了解决资金难题，台州人靠“出硬股、打天下”，开创了中国股份合作办企业的先河；为了破解技术瓶颈，萧山、慈溪一带乡镇企业聘请“星期日工程师”，让先进理念和先进技术流动起来；绍兴很多乡镇企业在创办伊始缺少资金、设备、技术、人才，厂长和供销人员上下同心，攻克一个又一个难关；在义乌、永康等地，很多人勇闯天涯、四海为家，用“拨浪鼓摇出大市场”，在闯荡游离、奋斗四方中把手艺传遍天下。

培养以质取胜、追求精益求精的工匠精神，是浙商以诚信立本、行以致远的根本。对应于企业家层面，便是要专注于主业，把企业做精、做专、做细——这正是企业做强做大的必要前提。有很多富有工匠精神的浙江企业，对标准、质量有比较高的要求，对个性化、柔性化生产有自己的理解，对技术的运用比较到位。这些企业不仅能在行业竞争中生存，而且能走向产业高端，成为领军企业。

## 二、浙江精神的时代内涵

民族精神是一个民族赖以生存和发展的精神支撑。浙江精神作为中华民族精神的重要组成部分，是浙江人民在千百年来的奋斗发展中孕育出来的宝贵财富，世代传衍，历久弥新，始终激励着浙江人民励精图治、开拓创业，显示出强大的生命力和创造力。随着时代的变迁，浙江精神的内涵也在不断发展和丰富。特别是新中国成立以来，在党的正确领导下，浙江人民在团结奋进和不懈奋斗中赋予了浙江精神新的时代内涵，彰显新的时代特征。

### （一）求真务实、诚信和谐、开放图强

浙江精神是不同时期、不同领域的浙江人共同奋斗的结晶。浙江精神源远流长，既与浙江人民的历史生命相伴，更与浙江人民的现实生活和未来发展相随，蕴藏着一种初心不改、矢志不移、继往开来的精神力量，是浙江能够一张蓝图绘到底、一任接着一任干的内在支撑。2003年7月，时任浙江省委书记习近平在浙江省文化体制改革和文化大省建设座谈会上首次提出“自强不息、坚韧不拔、勇于创新、讲求实效”的浙江精神。2006年初，时任浙江省委书记习近平在《浙江日报》发表了题为《与时俱进的浙江精神》的署名文章，深刻诠释了“求真务实、诚信和谐、开放图强”的浙江精神的内涵，并明确提出要与时俱进地培育和弘扬浙江精神。这是对浙江人民在创造灿烂文明中孕育的精神品格的深刻总结，是对浙江人民赓续文脉、砥砺奋斗、开拓创新的真实写照。我们对浙江精神理解得越深刻，就越能感受到其所蕴含的强大生命力和无穷创造力。“求真务实、诚信和谐、开放图强”的浙江精神是浙江的“根”和“魂”，过去是、现在是、将来仍然是推动浙江发展、应对各种挑战

的根本动力。浙江作为中国革命红船起航地、改革开放先行地、习近平新时代中国特色社会主义思想重要萌发地，有责任在新时代大力弘扬浙江精神，为推进“八八战略”再深化、改革开放再出发，加快“两个高水平”建设提供强大精神力量。

不忘来时路是为了走好未来奋进路。从40多年前的典型的“三无”省份，到如今成为我国经济最发达的省份之一，浙江之所以能，既是靠改革开放的时代机遇，也是靠浙江人敢闯敢拼敢干的一股子气、一股子劲，比如走遍千山万水、说尽千言万语、想尽千方百计、吃尽千辛万苦的“四千”精神。开放是我们抓住先机、制胜未来的有力战略。浙江要在奋进中国式现代化新征程上勇立潮头，提升对内对外开放水平尤为重要、极为紧迫。新时期新境况下，如何兼容国内国际高端要素“做大蓄水池”，如何积极参与国际分工合作“激活一池春水”，如何全方位推进浙江对外开放水平提档升级，考验的是浙江的全球意识和世界胸襟，以及主动参与全球化合作与竞争的勇气和胆略，需要的是更大范围、更广领域、更高层次的创新打法。

### （二）干在实处、走在前列、勇立潮头

2016年9月G20杭州峰会期间，习近平总书记对浙江工作提出“秉持浙江精神，干在实处、走在前列、勇立潮头”的新要求，这是浙江践行习近平总书记赋予的新期望的动力源泉。这既是对浙江工作一以贯之的全面要求，也包含着秉持浙江精神的具体要求。新时代职业院校学子要进一步释放浙江精神所激发出来的力量，在推进改革开放和浙江高质量发展中贡献自己的力量。

实干奋斗新时代，初心坚守新使命。坚持培育和弘扬与时俱进的浙江精神，进一步激发全社会的创新创造活力。浙江人民有勤勉创业、励志创新的文化传统和精神品格。要进一步丰富和发展浙江精神，与时俱进地培育和弘扬“求真务实、诚信和谐、开放图强”的精神，发展浙江特色的创新文化，为自主创新奠定最广泛、最坚实的社会人文基础。①进一步培育和弘扬遵循规律、崇尚科学的“求真”精神，求理论之“真”，求规律之“真”，求科学之“真”，进一步培育和弘扬真抓实干、讲求实效的“务实”精神，要清醒认识浙江先发遭遇的新挑战、先行遇到的新问题，作出符合浙江实际的战略抉择。

---

① 习近平.加强自主创新 推动科学发展[N].经济日报，2006-08-15（1）.

### （三）创新深化、改革攻坚、开放提升

深入实施“八八战略”，强力推进创新深化、改革攻坚、开放提升，在中国式现代化新征程上走在前列。习近平同志在浙江工作期间提出过一个著名的“地瓜理论”，讲的是：地瓜的藤蔓向四面八方延伸，为的是汲取更多的阳光、雨露和养分，但它的块茎始终是在根基部，藤蔓的延伸扩张最终为的是块茎能长得更加粗壮硕大。①

打造高能级开放之省，实施“地瓜经济”提能升级“一号开放工程”，是中国式现代化的新要求。浙江有600多万浙商纵横国内，200多万浙商遍布全球，这是宝贵资源。当前，面对百年未有之大变局和全球经济格局、产业布局大变动，机遇和挑战前所未有。我们必须坚持高水平“走出去”闯天下与高质量“引进来”强浙江有机统一，与时俱进推动浙江经济、国内浙江人经济、海外浙江人经济深度融合、提升发展，加快向更好利用两个市场、两种资源转变，加快由贸行天下向产行天下、智行天下跃迁，加快向制度型开放拓展，打造更具韧性、更具活力、更具竞争力的“地瓜经济”。浙江省委在2023年“新春第一会”就部署落实全省加快打造高能级开放之省，实施“地瓜经济”提能升级“一号开放工程”，这是在中国式现代化新征程中，对浙江精神提出的新要求。

## 三、浙江精神的时代篇章

与时俱进的浙江精神是浙江的宝贵精神财富。它滋育着浙江的生命力，激发着浙江的创造力，培植着浙江的竞争力，激励着浙江人民以永不自满、永不停息的状态不断开拓新局面。时代变迁，精神永恒，浙江人民在传承浙江精神中发扬工匠精神，谱写浙江精神的时代篇章。

### （一）在开放强省中发扬浙江精神

浙江是改革开放的先行地，改革是浙江人的标识，是浙江人的气质，也是我们继续前进的不竭动力。要始终领改革风气之先，着力破解深层次体制机制障碍，着力推动高水平社会主义市场经济体制在浙江落地生根，把浙江打造成为集聚高端要素的磁场、创新创业的沃土、现代治理的范本。

---

① 本书编写组.干在实处 勇立潮头：习近平浙江足迹[M].杭州：浙江人民出版社；北京：人民出版社，2022：135.

"开放"需要"海纳百川"。广泛集聚人才、资金、信息、市场等方面的要素，引进更多先进理念、成熟模式和创新技术，最大限度地交换和整合资源，集聚国内国际高端要素，使我们的思想观念、生活习惯、行为方式和精神素质不断适应开放的世界和全球化竞争的需要，让开放的精神结出更多惠及浙江千万人民的硕果。

"开放"需要"勇闯天涯"。一直以来，浙江对外开放在全国乃至全球都有一定的影响力，像温州商人行天下，义乌实现"买全球、卖全球"等。接下来，开放实现更高能级是大势所趋。比如，坚持高水平"走出去"闯天下与高质量"引进来"强浙江有机统一；再如，推进重要开放平台建设，进一步把杭州亚运会、世界互联网大会、全球数字贸易博览会等展会平台用足用好，加快拓展"义甬舟"开放大通道，推进"义新欧"中欧班列等标志性工程；等等。

"开放"还要"修炼内功"。提升浙江在双循环中的位势，就要提高枢纽循环的效率和水平，促进高端要素集聚和协同联动畅通。比如，推进大宗商品收储、轮换、动用机制改革，推动商品配置能力跃升；又如，深化"四港联动"，构建立足长三角、辐射全国、链接全球的现代物流服务体系等，推动物流通达能力跃升；再如，开展"投资浙里"全球大招商活动，全面引资引技引智引才，提升贸易投资合作水平，推动高端要素集聚能力跃升；等等。

### （二）在改革创新中传承之江匠心

新时代青年学子要成为浙江精神的继承者和创造者。新时代的浙江精神有了新的内容和内涵，它兼顾了浙江各地的地方精神的个性和差异性，也展现了浙江对现代精神的追求。浙江精神表现在良好的文化基因、早发的市场经济磨砺、不事张扬的个性等方面；在未来进程中，浙江精神应该是更加民族的、科学的、大众的。"以人为本"的精神，应是浙江精神最根本、最核心之所在。

职业院校学子如何在继承浙江精神中发扬工匠精神？党的二十大报告强调，加快建设国家战略人才力量，努力培养造就更多大师、战略科学家、一流科技领军人才和创新团队、青年科技人才、卓越工程师、大国工匠、高技能人才。职业院校学子肩负着成为国家生产一线急需的高素质技术技能人才的光荣使命，一定要将工匠精神融入学习成长的全过程。

古人云，家有良田万顷，不如薄技在身，意思是掌握一门手艺远胜过万贯家财。要想有一技之长，必须有工匠精神。作为生活学习在浙江这片土地上的职业院校学子，在继承和发展浙江精神的同时，更要积极践行工匠精神，立志成为大国工匠，为制造强省建设贡献自己的一份力量。一方面，将工匠精神内化于心。要把个人梦与中国梦紧密地结合起来，将工匠精神根植于心，认真学习知识和技能，早日成为能工巧匠，积极投身到祖国建设之中，为中国制造增光添彩，为中华圆梦贡献力量。另一方面，将工匠精神外化于行。职业院校学生应该把工匠精神所蕴含的职业品质和职业行为落实到具体的岗位实践中，融入学习和工作的各个环节，体现在作业或者产品的每个细节上。

## ◉ 案例1–8

### 身残志坚·励志逐梦——不向命运低头的韩乐瑶

韩乐瑶在高考前两个月遭遇车祸，被迫双腿高位截肢。凭着顽强的意志，她克服了疼痛，勇敢地参加了高考，最终被温州职业技术学院录取。在大学期间，面对残酷的命运挑战，她没有退缩妥协，没有让身体的缺陷成为她追求艺术梦想道路上的绊脚石，而是用励志的故事激励了校园中的每一个年轻人。

由于出行只能依靠轮椅，不能自主上下楼梯，韩乐瑶选择在家中自学，通过观看直播、录像等方式学习大学课程。在学习中，她认真对待每一份作业，顺利地完成每一门课程考核，专业成绩名列前茅，荣获学校奖学金。在业余时间，她还积极参加各种比赛，利用专业特长创作的多幅作品荣登国家级媒体——《中国青年报》，作品深受好评，频频被转发。她的励志故事被老师们看在眼里。老师们积极鼓励她参加各种创新创业比赛。2020年暑假，她在老师的指导下参加了浙江省大学生乡村振兴创意大赛。她与小伙伴们共同努力，给大赛呈现了一套极具创意的原创产品设计，一举拿下了该项赛事的金奖，轰动全场。她还受邀参加大赛闭幕式，在千人礼堂上展示作品，进行路演。赛后，各家媒体纷至沓来，浙江卫视对她进行了独家采访。她的获奖作品及个人事迹被多家国家级、省级媒体争相报道。

韩乐瑶对自己未来的规划逐渐清晰起来，对明天更加充满信心。她将更加勇敢地去追梦，用自己的实际行动影响身边的同学，激励奋进中的学子。

温州职业技术学院供稿

## 思考题

1. 作为职业院校的学生，怎样在实现自己梦想的过程中为实现“国家富强，民族振兴”添砖加瓦？

2. 在新时代高质量发展阶段，应大力提升自我创新能力。请结合你自己的专业谈谈感受。

3. 在成为“时代新人”的征程中，如何赓续红色根脉，传承红色基因，成为一名有家国情怀的大国工匠？

## 拓展阅读

1. 中共浙江省委党校. 共同富裕：浙江先行案例[M]. 杭州：浙江人民出版社，2022.

2. 本书编写组. 干在实处 勇立潮头：习近平浙江足迹[M]. 杭州：浙江人民出版社；北京：人民出版社，2022.

3. 石伟平，匡瑛，等. 中国教育改革40年：职业教育[M]. 北京：科学出版社，2022.

4. 习近平. 干在实处 走在前列：推进浙江新发展的思考与实践[M]. 北京：中共中央党校出版社，2006.

5. 本书编写组. 习近平与大学生朋友们[M]. 北京：中国青年出版社，2020.

# 第二章

# 明德敬业　之江匠心

——匠心的内涵与浙江特质

在中华文明5000多年的历史中，有着悠久的手工业传统，造就了大批能工巧匠。这些能工巧匠不仅为后世留下了许多传世经典，也铸就了执着专注、精益求精、一丝不苟、追求卓越的工匠精神。匠心聚，百业兴。千百年来，浙江工匠们坚守初心，苦练技能，担当作为，勇于创新，把工匠精神一路传承，绘就了“百工之乡”的壮美图景，谱写出新时代浙江大地的大美诗篇。

之　江　匠　心

## 本章要点

1. 执着专注是工匠精神的精神特质，浙江工匠始终如一坚守初心使命，持之以恒不怕艰难困苦，心无旁骛潜心钻研技艺，为浙江发展奠定了坚实基础。

2. 精益求精是工匠精神的核心要素，浙江工匠凝神聚力努力做到更好，孜孜以求不断超越自我，如切如磋追求永无止境，为浙江发展提供了不竭动力。

3. 一丝不苟是成就工匠的重要条件，浙江工匠严谨认真恪守职业准则，精雕细琢践行职业素养，砥节砺行诠释职业追求，助推浙江高质量发展，走向共同富裕。

4. 追求卓越是大国工匠的崇高境界，浙江工匠锐意进取打造行业精品，改革创新勇担时代重任，科魂匠心彰显工匠情怀，引领浙江开拓进取、改革创新。

## 第一节　执着专注　筑牢匠心之基

党的二十大报告指出，在全社会弘扬劳动精神、奋斗精神、奉献精神、创造精神、勤俭节约精神，培育时代新风新貌。执着专注就是内心笃定且着眼于细节的劳动、奋斗、创造精神，这是大国工匠所必须具备的首要精神特质。

真正的匠心，是耐得住寂寞、经得起考验的坚守与专注，以完美主义的追求，将事情做到极致。以鲁班为代表的一代代杰出工匠们，在笃定执着的耐心之下，厚积薄发，行稳致远。

## 一、始终如一，坚守初心使命

“行百里者半九十。”凡事走好第一步，固然不易；能坚持不懈地走稳每一步，更不容易。自中国共产党成立以来，从艾爱国到高凤林，从葛招龙到吴国林，这些建功标兵技术能手之所以成为业界翘楚、年轻人的榜样，就是因为他们不忘初心、始终如一，踏踏实实做好每一件事，认认真真做精每一件产品。前后一致，始终如一，用一生来写好“一”字，留下的是不朽的德业功业，传下的是美好的政绩政声。不忘初心、牢记使命，坚持做到始终如一，也是工匠贯穿一生、践行一世的考题。大国工匠高凤林，30多年如一日从事火箭发动机喷管焊接工作，为练就一双“金手”，吃饭时会不自觉地用筷子比画焊接动作，端着茶缸喝水时就有意识地练习动作的稳定性。这种一门心思忘我工作的状态，生动诠释了执着专注的工匠精神。

### （一）慎终如始，笃定技能报国

工匠精神在于始终如一。任何行业的高超技艺都不可能靠运气取得，只有倾注心血刻苦钻研才能增长实力，只有慎终如始，坐得住，守得牢，才能做得好。慎始并不难，难的是慎终如始，始终如一。纵观所有的大国工匠，他们能够取得成功的重要秘诀就在于几十年如一日做好一件事，并且追求极致完美。在第45届世界技能大赛上，中国参赛选手顶住压力，谦虚冷静，慎终如始，在世界技能舞台上展现了自己的风采。中国代表团共获16枚金牌、14枚银牌、5枚铜牌和17个优胜奖，再次荣登金牌榜、奖牌榜、团体总分第一。选手们在世界技能舞台上展现了中国工匠的风采，也让全世界看到了“中国制造”的巨大潜能，看到了中国技能的美好未来。

国家发展需要大批技能人才。党的二十大报告指出，完善人才战略布局，坚持各方面人才一起抓，建设规模宏大、结构合理、素质优良的人才队伍。加快建设国家战略人才力量，努力培养造就更多大师、战略科学家、一流科技领军人才和创新团队、青年科技人才、卓越工程师、大国工匠、高技能人才。实干兴邦，实现社会主义现代化的宏伟目标离不开务实肯干、干一行爱一行的现代工匠群体的奋斗和奉献。当前，“中国制造”面临转型升级的压力和挑战，培养大国工匠成了一项艰巨的任务。高技能人才是我国人才队伍中不可缺少的重要组成部分，在我国经济社会发展全局中具有十分重要的地位和作用。我国经济要靠实体经济作支撑，就必然需要大量专业技术人才，需要大批大国工匠。

浙江从“制造”走向“质造”需要工匠勇于担当。浙江制造转型升级需要工匠践行使命、技能报国，不断补充壮大技能人才队伍，成为实体经济发展的“源头活水”。浙江作为制造大省，一直致力于打造新时代大国工匠的培育引领之地、成长向往之地、技能创新之地。成长在这里的新时代青年学子们应主动抓住机遇，争做尊重劳动、热爱劳动、技能优良的大国工匠，以技能报国的火热情怀投身到实现中华民族伟大复兴的建设征程中，把技能报国作为自己职业生涯的毕生追求。

### （二）不忘初心，坚守职业理想

持续的工作热情源自内在的精神动力。只有热爱本职工作，不忘初心，坚持职业理想，才能全身心投入，以“拼命三郎”的韧劲实现厚积薄发。千万现代工匠坚守职业理想和初心，满怀产业报国之情，才能扬起高质量发展之帆，追逐强国之梦。石油铁人杨海军，扎根塔克拉玛干沙漠30多年，只为“擒出”地层深处的“气龙”“油龙”。他说：“只有荒凉的沙漠，没有荒凉的人生。我愿做驻守沙海的‘海军’。”沙海中奋勇搏击的石油铁人之所以能取得如此骄人的业绩，是因为他30多年始终坚守职业理想，执着于初心使命。

在坚守职业理想中培育浙江工匠。长期以来，职业教育面临“不被重视”“不被看好”的窘境，但很多坚守在职教教学一线的教师们，从未放弃过学生，也没有放弃过自己。他们坚守初心、一腔热忱、脚踏实地、默默奉献；他们用几十年的努力奉献教育和培养大国工匠；他们把“工匠精神”潜移默化地带到教书育人之中；他们在一代又一代的接力中，培养未来的大国工匠、大国匠师。

在浙江这片具有众多工匠的肥沃土壤之上，各行各业的“青年工匠”不断涌现。职教领域中有在世界技能大赛上摘金以“工匠精神”培育英才的90后汽车喷漆工杨金龙，有要把在世界技能大赛中掌握的新技能传承给学生的青年教师蒋应成，有重回母校站上三尺讲台将技术传给学弟学妹的美发世界冠军石丹，有走上职业技能教育之路并成为建筑行业最年轻特级技师的崔兆举，有以培养新时代浙江工匠人才为己任的钳工高级技师林李龙……他们坚守职业理想，在之江大地弘扬工匠精神，传承工匠技艺，培育大批浙江工匠。

## ◉案例2-1

### 择一业倾一生　一颗匠心扎根岗位

焊工，被称为“钢铁裁缝”，是国家高端装备制造业不可或缺的关键工种之一，焊接质量的好坏直接影响国家重大装备的质量、安全、使用寿命。头戴电焊防护面罩、身穿帆布料工装，左手拿焊条、右手拿焊枪……走进浙江省工业设备安装集团有限公司压力容器制造厂，就能看到一朵朵焊花间沈益东辛勤劳作的身影。27年来，沈益东扎根焊接工作岗位，在焊花之间练就了一身本领，用一颗匠心诠释“择一业，倾一生”。

1974年6月出生于浙江杭州，1994年中专毕业后进入浙江省工业设备安装集团有限公司，沈益东从一名电焊学徒起步。刚开始接触这一行时，年轻的沈益东还有些不适应。作为一名焊工，夏天不能少穿，冬天不能多穿，身上的烧烫伤更是常见。可沈益东毫无怨言，义无反顾地练习技术，以车间、工地为家，经常一练就练到后半夜。“干这一行就要吃得了苦、耐得住寂寞。”工作服上数不清的焊洞、手上不断磨出的厚厚的老茧、身上数不清的焊花迸溅留下的烫泡，都是他夜以继日训练的最好见证。他始终认为，手里的焊枪正是照亮前行道路的一盏明灯。为了提升焊接技术，沈益东经常在手臂上绑上一个袋子，在袋子里放上几块砖，以此“负重”练习。

沈益东入行的那些年，也是我国火电行业迅猛发展的时期。为了能够为国家火电行业发展作出一些贡献，1994—2010年，他跟着企业团队走南闯北建设火电厂，足迹遍布内蒙古、新疆、广东等地，甚至连过年都在外地。让沈益东印象最深的是，2007年，在陕西榆林建设国家煤电一体化项目神木电厂，每天都要在毛乌素沙漠中顶着寒风，攀爬上240米高的烟囱进行焊接作业。“那时候，每天爬上爬下将近80层楼，腿都抬不起来。”也正是在不断磨砺中，沈益东实现了成长，最终练就过硬技能，在众多同行中脱颖而出，成为业内的“钢铁裁缝”。

春华秋实，一分耕耘，一分收获。从焊工到施工员、质检科长再到焊接责任工程师，沈益东始终如一，一步一个脚印“永攀高峰”，如今已经荣获浙江省技术能手、浙江省杰出青年岗位能手、浙江省“百千万”高技能领军人才培养工程“拔尖技能人才”、浙江省“最美建设人”等多项荣誉。

近30年的时光里，沈益东唯一不变的是那双沉稳有力的双手，以及陪伴他的那一朵朵璀璨的焊花。“在机械化时代，有些手艺还是无法被取代的。我希望尽己所能，用心用情把这份手艺传承下去，为中国制造作贡献。”不忘初心，方得始终，沈益东的坚守与奉献使他终成国之大匠。

奚金燕.浙江省“最美建设人”沈益东：从钢铁裁缝到大国工匠[EB/OL].中国新闻网，2022-01-05. http://www.chinanews.com.cn/sh/2022/01-05/9644637.shtml.

## 二、持之以恒，不怕艰难困苦

荀子说："锲而舍之，朽木不折；锲而不舍，金石可镂。"业精于一，只有执着专注于自己所专攻的术业，有心劲，不泄劲，几十年如一日地努力，才能成就一番事业。正是坚守"一生只做好一件事"的职业信念，优秀的工匠们才能在自己的职业岗位上持续发力。持之以恒是工匠精神最为闪光之处，也是工匠精神最为可贵的特质所在。只要坚持，梦想总是可以实现的。具备工匠精神的人，凭借执着与专注从平凡中脱颖而出，在平凡中创造非凡，在实干中练就技能，在平淡中铸就传奇。他们甘于为一项技艺的传承和发展奉献毕生的才智和精力。

### （一）坚持不懈，从平凡中脱颖而出

"恒心"是工匠精神的核心。工匠精神是从事工匠行业的人的精神，也是覆盖在各行各业的重要精神品质。工匠精神体现在能够长期耐得住寂寞、锲而不舍，在一个地方、一个岗位，把一项技术、一项工作做到最好，做到他人所不能。当一个人专注于某一事物并痴迷其中，认真去研究如何尽善尽美时，就能达到一种艺术性创造的程度。屠呦呦几十年坚持研究"青蒿素"，最终获得了诺贝尔奖；袁隆平几十年坚持研究"杂交水稻"，成就了"世界杂交水稻之父"的辉煌；中联重科的技能大师龙卫国，自毕业以来坚持做汽车起重机调试，成长为中国"汽车起重机调试第一人"；国网浙江宁波市鄞州区供电有限公司调控中心自动化运维班班长张霁明，20多年来扎根电力运维一线，百炼成钢成长为首席电力专家，让电网故障停电恢复时长缩短至"毫秒级"……他们锲而不舍，从平凡中脱颖而出；他们执着坚守，在创新中超越；他们"变不可能为可能"，职场经历传奇而励志。

坚守与创新助力浙江创造无数个"第一"。在波澜壮阔的改革开放征程中，浙江作为改革开放先行地，克服千难万险，坚持不懈抓改革、谋发展。时光不负浙江，地狭民贫的浙江终于从众多省份中脱颖而出，诞生了许许多多的"第一"。从第一个个体户，到第一家股份合作制企业，再到第一座农民城；从全国第一个专业市场，到中国第一个互联网商业网站，再到全国第一家互联网法院；从"满城跑"到"一窗办"，从"最多跑一次"到"最多跑一地"；从"美丽乡村"到"特色小镇"……40多年来，一步一个脚印，浙江人靠着自己的坚守和执着，承担着全国第一个高质量发展建设共同富裕示范区的重任。

打造"浙派工匠"，助力浙江共同富裕示范区建设。为培养高质量发展所需的技能人才，浙江省委办公厅、省政府办公厅出台《关于实施新时代浙江工匠培育工程

的意见》，省人力资源和社会保障厅等起草了《新时代浙江工匠遴选管理办法》，全省深入实施新时代浙江工匠培育工程，开展大规模高质量职业技能培训，打造“浙派工匠”金名片。衢州创造性地提出“抓培训、铸匠心、搭平台、强激励”四大行动，建立“政府引导、企业主体、学校依托、社会助推”四位一体的高技能人才培养、使用、激励和保障新机制，促使高技能人才脱颖而出。在省市各级政策的支持下，浙江青年脚踏实地、坚持不懈，一定能在平凡的岗位上创造不平凡的业绩。

### （二）不怕困难，在实干中练就技能

空谈误国，实干兴邦。“实干”在于“埋头苦干”“认准了就干”。正是依靠实干，我们创造了无数“中国奇迹”；正是依靠不怕困难苦干，中国实现了几十年的高速发展，跃居世界第二大经济体。中国以实干夯实了发展之基，赢得了世界的尊重和认同。党的十八大以来，浙江忠实践行“八八战略”，干在实处、走在前列、勇立潮头，创新驱动实现高质量发展，数字化改革提升省域治理效能，共同富裕探路扎实开局，之江大地处处涌现着欣欣向荣的景象。

实干要有持之以恒的恒心。“恒心”是成大事者的基本特点。许多优秀工匠短则十几年、长则几十年专注于一项技艺或一个岗位，经过持续不断的磨炼，最终获得卓越成就。央视纪录片《大国工匠》讲述了8个工匠所缔造的神话。他们中有中国商飞上海飞机制造有限公司高级技师胡双钱，创造了30多年来打磨过的零件无次品的惊人纪录；有中国宣纸股份有限公司高级技师周东红，经他手捞出晒成的宣纸，每张重量误差不超过1克；有港珠澳大桥钳工管延安，工作时他要进入完全封闭的海底沉管隧道中安装操作仪器，按照规定，接缝处间隙误差的要求是小于1毫米，他却能做到零缝隙……他们数十年如一日，脚踏实地追求职业技能的极致化，靠着传承和钻研，凭着专注和坚守，突破了无数技术难关，缔造了一个又一个“中国制造”大国利器。在浙江工匠中有不少“技术控”“实干家”，他们在自己的岗位上书写着一个又一个平凡中的传奇，练就了一身技艺，只因有一颗持之以恒、坚守执着的工匠之心。

### ◉案例2-2

#### “人机合一”的活字典，百炼成钢的“千里眼”

在浙江省宁波市鄞州区，有38座变电站，在电力监控系统中，光是各种设备状态信号就有10万余条，但张霁明只要看一眼电力监控系统中的设备故障信号，就能

迅速判断出故障部位、故障原因，提出解决方案，“千里眼”的外号不胫而走。

熟悉张霁明的人都知道，“神通”就在二十年如一日的“修炼”之中。

2000年，大学刚毕业的张霁明被分配到了电力系统，刚好赶上了鄞州电网的第一次自动化改造。张霁明就“泡”在变电站里，只要厂家技术人员来安装，他就全程参与，从设备拆箱安装开始，直至上电调试结束，从不落下任何一道工序。

20年来，从我国最初的RD-800型电网调度自动化系统到当前最新的OPEN5200型配电自动化系统，张霁明参与搭建了6套调度自动化主站系统、2套配电自动化主站系统。每一次主站系统更新，他都会反复看十几本厚厚的设备说明书，对上千个精密复杂自动化设备的设备参数、系统结构和工作原理烂熟于心，达到“人机合一”。

2020年，张霁明和同事们完成了国内最先进的“毫秒级”光纤差动分布式全自动FA环试点建设，可实现在毫秒内隔离故障，相当于“一眨眼”的时间恢复供电。这意味着，鄞州电网的停电恢复时长从原来的“小时级”缩短到“秒级”，再缩短至“毫秒级”，将城市供电可靠性提高到了99.99%，配电自动化接入站点规模和建设速度在全省、全国领先。

从一名普通的电力检修工，成长为首席电力专家，成为“全国五一劳动奖章”获得者、全国示范性劳模、工匠创新工作室领衔人，这条路对于大多数人来说都艰难无比，更何况张霁明因幼年时的医疗事故导致双耳失聪，一直靠着助听器与外界交流。

“听不见外界的声音，让我能更专注地工作。”张霁明完全沉浸在数据的世界中。和机器对话，与数据谈心，他把外界的喧嚣挡在门外，在电网数字化转型的路上穿越“无人区”，抵达“新世界”。枯燥的数据，复杂的设备参数，频繁的电气试验……这些他人觉得索然无味的工作内容，却让张霁明甘之如饴。二十年如一日的“修炼”，使得他只要一眼就能发现问题所在，练就过人本领。

毛思洁，周一峰.张霁明：追求卓越的“电网医生”[J].宁波通讯，2021（10）：46-49.

## 三、心无旁骛，潜心钻研技艺

心无旁骛，是一种境界，形容心思集中，专心致志。正如清朝纪昀在《阅微草堂笔记·槐西杂志二》中所言：“心心在一艺，其艺必工；心心在一职，其职必举。”工匠精神是一种不懈的追求，是经年累月的坚持，更是心无旁骛的坚守。只有发扬这种心无旁骛、追求卓越的匠人精神，我们的工作才能做细做精、精益求精。

### （一）摒弃浮躁，专注品质

专注是不急躁、不急于求成。浙江吉利控股集团董事长李书福认为，从事技术工作不能急于求成，“要耐得住寂寞，能够潜心搞研究，把自己岗位的工作做得最细、打磨得更好。”心无旁骛源于对一份事业的热爱与坚守，是面对纷繁复杂的外部环境的克制，是要真正做到摒弃浮躁喧嚣，一辈子只做一件事情，做好一件事情。随着社会节奏的日益加快，很多人追求“短、平、快”（投资少、周期短、见效快）带来的即时利益，失去了“十年磨一剑”的定力与耐心，追逐经济效益，急功近利，放弃了自己心爱的专业和职业，转行“下海”。优秀的工匠活在当下，平静、安适、充实、幸福，有着内敛的性格，能够屏蔽外界的喧嚣嘈杂，专心致志、不问得失、坚持不懈地做一件事。他们有耐心，能坚持，默默奉献，无怨无悔。

在“陋室”中成就匠艺匠才。《庄子·达生》记载了一位名叫梓庆的工匠“削木为鐻”的故事。鲁王召见梓庆，问他使用什么高超的技术做出如此精妙的东西。梓庆回答说，他就是一个工人，哪有什么高超的技术，如果真说要有的话，那就是做工前“未尝敢以耗气也，必齐以静心”。他通过斋戒养神，让内心平静，排除任何杂念，然后找到合适的材料，用自己的纯真本性，专心致志地去雕刻，一刻都不敢跑神，结果就能造出精妙的东西。梓庆的技术之所以能达到如此精妙的境地，实际上就是因为他专心致志、全身心投入，用一种忘我的精神去从事这项工作，在工作时完全不受地位、金钱等杂念的影响，全身心投入，做出来的必然就是精品。

在技术革新中打造精品。技术革新、社会进步正以前所未有的速度发展着，今天的新技术可能在三四年以后就会有新的变化。面对快速革新的技术，工匠们面临的最重要的课题就是如何静下心来学好一门技术、用好一门技术。技无止境，能够摒弃浮躁喧嚣而心无旁骛的工匠，会专注于自己的产品或服务，永远行走在追求“把99％提高到99.99％”的极致之路上。

### （二）潜心钻研，道技合一

追求“道技合一”的人生境界。中国古代讲“道技合一”的人生境界，是说对技艺和作品精益求精的追求并不是那些高明工匠们的真正目的，他们希望通过手中的技艺领悟到“道”的真谛。如《庄子》中的寓言“庖丁解牛”，庖丁通过自身解牛技术的日益精进，领悟了要尊重自然、顺应规律的人生哲理。现实中的优秀工匠确实能够在技艺的追求过程中，在如切如磋、如琢如磨的劳作中，领悟到人生的真谛，从而实现精神的超越、人生境界的升华。而这种“道技合一”的境界反过来让他们沉下心来，产生更大的创造力。因为他们的人生目标不是名利物欲，而是使自己的“技”近乎“道”，在这一过程中他们已经领悟了人生的真谛。他们拥有了淡泊宁静的精神境界，能够抵御红尘滚滚、纸醉金迷的各种诱惑，在工作中得到满足和快乐。比如纪录片《我在故宫修文物》中的文物修复者，他们是中国顶级文物修复团队，每一个人都是身怀绝技的大师，具有精湛的技艺。他们在故宫僻静的小院里，专心致志，日复一日、年复一年地精心修复那些价值连城的国宝级文物，不图名，不图利，潜心钻研，持续提升自我的精神境界。

“事有所成，必是学有所成。”从匠人成长为技艺精湛的能工巧匠、大国工匠，需要匠人拥有勤学苦练的毅力，把苦练技能作为本职。择一事而终其一生，在勤学苦练中不断提升自我，让人生在奋斗中闪光，这也是浙江工匠的共同追求。毕业于浙江建设职业技术学院、玩转BIM的95后尹继刚，始终保持不断学习、苦练技能的良好习惯；杭州职业技术学院模具设计与制造专业2017级学生、全国青年职业技能大赛学生组钳工赛项第一名刘明杰，每天顶着高温酷暑训练到晚上12点，训练结束后回到宿舍还要看书补充理论知识；浙江纺织服装职业技术学院机电与轨道交通学院2017级学生、“全国技术能手”陈嘉俊，获得荣誉后依旧每天坚持利用休息时间学习，不断提升自身的业务能力；衢州职业技术学院机电工程学院汽车检测专业实训教师、“全国交通技术能手”毕少平，在一线岗位十几年如一日地勤奋学习，钻研技术，并利用工作之余查阅专业理论书籍，不断丰富自己的理论知识，用奋斗和汗水践行使命和初心……

每一个新挑战都激励着浙江工匠不断地前行。技艺没有最好，只有更好；岗位可以平凡，人生不能平庸。浙江工匠要精炼技艺，攻坚克难，在产业转型升级和高质量发展中发光发热，成就自我。

工匠精神，匠心为本。有没有工匠精神，关键是看有没有一颗安于默默无闻、执着专注的匠心。树匠心是弘扬工匠精神的根本。树匠心，就要坚守初心、执着专注，秉持赤子之心，摒弃浮躁喧嚣，超越世俗，在本职岗位上坐得住、做得好。怎样才能坐得住、做得好？关键是要做到专心专注，追求至精至善，在精进专业的道路上不断奋斗。新时代职业院校青年学子只有坚守初心，执着专注，执意为之，永不放弃，方能有所作为，成就一番事业，成长为一代名匠。

## ◎案例2-3

### 技艺在苦练中持续提升

2003年，张亮进入嵊州市中等职业技术学校修读机械设计与制造。2004年，张亮获得了学校安排的周末去企业见习的名额，开始进入数控世界。“那个时候，周五课很少，我们学校的8个学生都会提前去企业，跟着师傅学习数控方面的编程、操作、工艺及维修等。到高三的时候，坚持下来的只有4人，到高三结束时，只剩下2人。”张亮也常常会给其他同学留下“很另类”的印象，因为他总是每天一吃完饭就跑去车间，直到寝室快熄灯时才回来。张亮说：“数控知识的学习，贵在坚持。钻研的过程还是挺辛苦的，有时候遇到不懂的，就得从书本、网站找资料，向厂家、企业车间师傅咨询。”高三那年，学校新添了一台设备，而会操作这台设备的学生只有他一人。当有人过来参观的时候，他常忙至深夜，做出工艺品、小零件来展示。

2006年，张亮考入温州职业技术学院机械设计与制造专业。大一、大二这两年，张亮不是在学校车间里，就是在去车间的路上。“有事、没事我都会去车间，在参加2008年全国数控大赛的前几天，我每天都是从早上8点钟一直站着练习到晚上10点钟，一天两餐都是在车间解决的。”几年的实践操作让他的编程速度有了很大的提高。有时候手工操作太快，机床都执行不过来。2008年，张亮夺得了全国第三届数控技能大赛个人第一名，在高职组产品部件的数控编程、加工与装配项目比赛中夺得冠军。同时，他还被劳动部授予“数控编程与加工技师”称号。在6小时的比赛中，他以高超的技艺提前1.5小时交卷，是所有参赛选手中唯一一个完成了所有赛事规程、做出产品的选手，让许多对手对他刮目相看。

梅花香自苦寒来。张亮多年辛苦练就的这套“真功夫”，成了他就业最好的“通行证”。2009年毕业之后，张亮因专业成绩优秀、数控加工编程与操作技能突出而留校工作，主要从事多轴联动数控加工技能教学实训和技能大赛指导工作。“张同学”留校任教成为“张老师”，从一名职业院校学生走上职业技能教育岗位。多年来，他为温州地区培养出一批批掌握数控加工技术的技工。

温州职业技术学院供稿

# 第二节　精益求精　守护匠心之魂

经过百年奋斗，中国共产党带领中国人民全面建成了小康社会，全党全国各族人民迈上全面建设社会主义现代化国家新征程。新时代新征程，高质量发展是全面建设社会主义现代化国家的首要任务。高质量发展需要“精益求精”的工匠精神。“精益求精”源自朱熹对《诗经》中“如切如磋、如琢如磨”的注释：“言治骨角者，既切之而复磋之；治玉石者，既琢之而复磨之，治之已精，而益求其精也。”“如切如磋、如琢如磨”表现了工匠精神中精雕细琢、精益求精的优良品质。工匠在工作中凝神聚力，孜孜以求，不断超越自我，追求完美品质是工匠精神的灵魂要素。

## 一、凝神聚力，努力做到更好

精益求精是从业者追求极致的职业品质。任何企业的成功都是精益求精的结果。一件产品成为经典，靠的是工匠们对每一个部件、每一道工序的精心打磨、专心雕琢。

### （一）修心境以达技境

追求极致就是追求至善至美的境界。达到至善至美需要工匠熟练的技艺和平和的制造心态。精益求精不仅是技艺的切磋磨炼过程，也是心境历练过程。没有凝神聚力、心无杂念的心境，就不可能练就炉火纯青的精湛技艺。央视纪录片《大国工匠》讲述了许多经年奋战在一线，最终练就了惊人胆魄、忘我境界和绝世技艺的工匠们的故事。

张冬伟的工作是焊接液化天然气殷瓦钢内胆的钢板。液化天然气运输船最大的危险是泄漏，装了十几万吨液化天然气的船简直就是一颗假寐的巨型“氢弹”，殷瓦钢内胆是运输船防止液化天然气泄漏的关键构造。殷瓦钢焊工面对的最大挑战就是如何稳定自己的心理状态。张冬伟焊完一条3.5米长度的焊缝需要整整五个小时，连续五个小时，张冬伟心如止水，手如拂羽，这是只有先修出“心境”才能达到的“技境”。

王进的工作是在60层楼的高度上与1000千伏的特高压线共舞。百米高空检修百万伏特带电线路，电弧能让人瞬间化为灰烬。王进的工作是极限化的胆量、意志、耐心、责任心与本行业的技术操作本领的完美结合。

徐立平的工作是负责给高能固体炸药施行微整形雕刻。0.5毫米是这种固体火药表面精度所允许的最大误差，但徐立平仅凭手上触摸一次就能准确测度出需要切削部分的尺寸，精度误差不超过0.2毫米，这一技能绝对是超凡心境与高超技艺的完美结合。

精益求精是对工匠“心性”和器物的磨炼。在不畏艰苦、不惧磨难、追求极致的工作中，工匠们把产品中蕴含的价值凸显出来。在凝神聚力打造作品的过程中，工匠们造物得于心、应于手，身心相合，创造美的情感与体验。正是对美不懈的追求，激发着工匠们对职业的专注和热爱。

### （二）全心全意铸精品

精益求精体现在工匠对职业的全身心投入，对自身所创造的产品的严格要求、精雕细琢，对工作流程、工作细节持续不断地进行改进，千方百计地提高产品品质和工作效率，提升服务水平，应对激烈的行业竞争。

《越绝书》记载，春秋战国时期，大臣计然向越王勾践献计让多余的粮食流通起来，让商家得利，从而实现富民强兵。这一“农商并举”的思想后来演变为黄宗羲“工商皆本”的思想。“工商皆本”的思想对于冲破传统的重农轻商的价值观起到了重要作用。“工商皆本”思想在浙江的传承，对于浙江经济社会的发展发挥着深远的影响，催生出“吃苦耐劳、敢拼敢闯”的浙商群体，他们从不安于现状，敢闯敢拼，使浙江在几乎零资源的前提下实现经济文化的快速发展。

浙江民营经济发达，以生产服装、鞋帽为主的私营企业众多。浙江企业家有百折不挠的斗志和永不满足的进取精神。从改革开放之初的肩挑背扛、走街串巷，到后来很多家庭作坊发展为公司制企业，生动体现了精益求精、努力做到更好的工匠精神在浙江的传承和弘扬。阿里巴巴、吉利集团、农夫山泉都是浙江知名的民营企业。无论是改革开放初期的“温州模式”，还是新时代电商的风起云涌，都体现了浙江人一心一意谋发展的精益求精的职业品质。

## ◎案例2-4

### 技校少年站上世界舞台

2019年8月27日，在一片欢呼声中，第45届世界技能大赛落下了帷幕。杨应政站在媒体镜头前，双手挥动着国旗，笑得很灿烂。此时20岁的杨应政取得了世界技能大赛管道与制暖项目的银牌，这是我国在此项目比赛历史上取得的最好成绩。

杨应政出生于农村，当年中考分数不够上重点高中，他没有选择读普通高中而是选择了读技校。2014年，杨应政进入湖州市安吉职业教育中心学习；2015年，杨应政参加了中职学校的智能与空调项目比赛，因为表现优异，他被挑选为管道与制暖项目选手。

为了备战大赛，老师给他准备了很多书，他从理论知识学起，学习绘图，了解原理和标准。每天，杨应政和不同的管子较劲，如此往复一段时间后，他手上磨出了血泡，很快掌心也生出了老茧，手套更是记不清磨破了多少双。如果操作过程中有不到位的地方，杨应政会主动给自己加压、加量，有时候练到手臂肿了，抬都抬不起来。

通过刻苦训练，他在团队中脱颖而出，代表学校参加了世界技能大赛选拔，并且很顺利地获得浙江省第一名。这极大增强了他的自信心。参与世赛管道与制暖比赛的名额只有一个，为了争取到这次机会，从2018年12月到次年3月的三个多月时间里，杨应政和教练团队只在大年三十那天下午有过半天休息。每天六点半起床，进行体能训练，然后开始一整天的训练，一般会到晚上十点。之后的时间杨应政就总结自己当天的表现，有差错的地方反复做，直到找到解决办法。

杨应政没有让老师失望，在2019年3月15日全国五进一选拔中，他取得第一名的成绩，顺利获得了代表国家征战世界技能大赛的资格。

闯过了全国选拔，真正艰苦的比拼才刚刚开始。杨应政回想起备战世界技能大赛的日子，充满了感慨。由于非专业出身，他只能从理论基础学起，反复练习。

管道与制暖项目对精度的要求是误差不超过2毫米，角度误差为1度，水平垂直度误差为0.5度。杨应政说：“根本没有捷径可走，只能不断练习，形成肌肉记忆。”

为了一个焊接点，他连续一周早上六点就起床，午夜一点半才睡。备战的三个多月里，他只休息过半天。那段时间，训练、拉练和国际热身赛几乎贯穿着他整个生活，就连大年三十也只是急匆匆回家吃了顿团圆饭，又回到了训练场地。

很快，时间到了2019年的8月，第45届世界技能大赛在俄罗斯喀山拉开帷幕。来自全球69个国家和地区的1355名选手在56个项目上竞逐高下。最终，杨应政不负众望，身披国旗站上了领奖台。

周建巨.杨应政：技校少年站上世界舞台[J].中国工人，2022（3）：50-51.

## 二、孜孜以求，不断超越自我

党的二十大报告指出，坚持把发展经济的着力点放在实体经济上，推进新型工业化，加快建设制造强国、质量强国、航天强国、交通强国、网络强国、数字中国。实体经济的发展离不开大国工匠的支撑，工匠精神铸就大国工匠。“业精于勤”是工匠精神的写照。工匠追求精细和极致，练就高超的技能，把不可能变成可能。工匠不辞劳苦，刻苦钻研业务，在不断超越自我的奋斗中实现技术技能的提升。

### （一）不懈努力达到新的巅峰

巅峰匠艺的核心是“精”。心有精诚，手有精艺，才能出精品。马王堆汉墓出土的素纱禅衣，薄如蝉翼，轻若烟雾，是世界上现存年代最久远、制作工艺最精良、最轻薄的衣服，一丝一缕尽显匠人精湛的技艺。如果工匠不具备精益求精的精神品质，在面对复杂的工艺流程与纤细的蚕丝时，就不可能织造出这件质量精美的禅衣。素纱禅衣不仅是工匠精湛技艺的真实表现，而且是工匠不懈努力、苦练技艺的鲜活见证。只有秉承精益求精的精神，踏踏实实地努力钻研，工匠才能创造出完美的作品。精诚匠心打造出的精品也许并不总是能够惊天动地，但它们总会让令世人敬重的工匠精神传递久远。

在追求卓越品质的过程中磨炼品性。工匠把责任感与道德感融入对产品的爱、对他人的负责中，不断精进技艺，追求卓越，超越自我。工匠精神就是以永不懈怠的跨越精神创新事业。中国中低速磁浮示范线——长沙磁浮快线，为了确保站房与正线桥梁两个区域的磁浮轨道下部结构的精准对接，设计要求误差不能超过3毫米。项目团队潜心钻研，优化方案、改进技术、反复测试，经过32次努力，轨道梁精度值控制到了最低1毫米的宽度，实现了列车驶入车站时的零振动和无颠簸。中国工匠在不断超越自我的勤学苦练中成就“中国制造”的伟业。

#### 拓展

**生产自动化时代还需要工匠和工匠精神吗**

20世纪四五十年代以来，随着第三次工业革命的到来，工匠精神得以复兴。电子计算机技术应用与发展的重大突破，使得生产的自动化程度不断提高，传统的流水线生产与泰勒工作制已无法满足多样化的市场需求。工业制造的特点也发生重大改变，向着多品种、小批量以及短生产周期方向演进。与此同时，刚性制造模式逐渐为柔性制造模式所取代，从大规模生产向大规模定制的演变成为一股新的潮流，消费者的个性化需求也日益受到重视。另外，生产管理方式逐渐由金字塔式的科层制管理向矩阵式的扁平化管理过渡。从本质上讲，生产方式浴火重生式的变革对工人越来越高的素质要求与工匠精神所倡导的精雕细琢、精益求精等价值理念是一致的。

中国商飞上海飞机制造有限公司高级技师、数控机加工车间钳工组组长，被称为“航空手艺人”的胡双钱说，经济学原理告诉人们，无论技术发展到什么水平，都离不开人这一最核心的生产要素。即便是制造工艺非常发达的波音公司和空客公司，也都需要靠一些技能水平相当高的人员从事这些手工劳动。为长征火箭焊接发动机的国家高级技师高凤林认为，机器是人能力的延伸，只能按照程序重复运作，但人能够不断实现改造和创新，这是机器永远无法替代的。“科学家头脑中产生想法，工程师图纸施工实现工程化，工匠制造出产品”，三者缺一不可。

庄西真.多维视角下的工匠精神：内涵剖析与解读[J].中国高教研究，2017（5）：92-97；
贺勇，沈文敏，叶琦，等.敬业报国 匠心圆梦[N].人民日报，2015-08-04（6）.

### （二）在超越自我的奋斗中实现蜕变

工匠精神所体现的传统价值理念代代传承，作为一种内在动力，时刻激励着工匠们不断进取，实现技术和人生境界的蜕变，也推动着时代的发展进步。

浙江人均资源拥有量综合指数位居全国倒数第三。改革开放前，浙江国家投资少、国有企业少。1950—1978年，全国人均国家投资额在600元以上，浙江仅为240元。1978年，中央企业和大中型企业产值占浙江工业总产值比重仅为2.6%和16%。为谋求生计，浙江手工艺者挑着担子背井离乡。他们翻山越岭，涉水过河，走村串巷，历尽千辛万苦从未停止奋斗的脚步；他们恪守职业道德，勤劳务实，兢兢业业，铸造了浙江的辉煌。在工业基础薄弱、农业比重大、资源匮乏等不利条件下，浙江人民艰苦创业，主要经济指标进入全国前列，城乡面貌发生巨大变化，人民生活水平显著提高。浙江经济社会发展的背后是浙江人血液中流淌着的吃苦耐劳、拼搏奋斗、锐意进取的精神。这种精神滋育着浙江生命力，催生着浙江凝聚力，激发着浙江创造力，培植着浙江竞争力。

## ◎案例2-5

### 追求头发丝十分之一的精度

“头发丝的十分之一有多细？”常人无法想象的微小程度，却是杨文强一如既往的追求。在他看来，小到生活中常见的汽车零件，大到中国的航天飞机，不能达到精度要求就会造成无可挽回的损失。

30岁出头的杨文强，从一名中职生起步到如今成为浙江机电职业技术学院数控专业教师，一路走来，为了追求一丝一毫的加工精度，杨文强付出了常人无法想象的努力。

一个人，一台数控铣床，一台电脑，杨文强每天在车间里一待就是十五六个小时。他不仅要考虑机床精度差所带来的加工误差，还要考虑刀具磨损、切削过程中的让刀现象、加工完零件的内应力等因素，不断寻找最完美的精度。

有一次杨文强在国家集训队参加集训，加工零件时尺寸精度是合格的，但第二天将零件取下来去检测时，尺寸却变得不合格了。这个问题让他百思不得其解。他不断查阅资料，请教国家队教练，最终找到了原因：切削时产生的内应力让精度变化了。

怎样消除内应力？杨文强再一次扎进书堆，把自己关在操作室里好几天，几番摸索下来终于找到了窍门：用木头快速敲击零件，通过高频效果消除内应力。这一招在决赛中发挥了重要作用，让他在一次操作中就把精度补偿回来，加工到了“头发丝的十分之一”。凭借出色发挥，杨文强在第六届全国数控技能大赛中获得“教师组”数控铣项目一等奖，并荣获“全国技术能手”荣誉称号。

锤炼技能时的一丝不苟，杨文强同样带到了教学中。他着重纠正学生的不良学习习惯和三分钟热度，独创了一套“四个一”法：“看一看”，提醒学生经常看制订好的学期计划；“读一读”，大声读出计划，提醒自己不能松懈；“做一做”，每天、每周、每月按计划执行，完成计划中的每件小事；“评一评”，每个阶段他都和学生一起回顾计划完成情况，总结并及时调整计划。慢慢地，杨文强的学生有了吃苦耐劳和有序坚持的精神，技能水平与日俱增。他指导的两名学生参加全国数控技能大赛，取得了两个一等奖的优异成绩。

教学之余，杨文强还走进各地中职学校，为那里的学生传授比赛经验，手把手教他们操作。“我就是从一名中职生起步的，希望通过我的经历告诉更多的职校学生，为提高机械制造行业的整体水平，我们必须精益求精，不负年华。”

蒋亦丰，徐旻鹰．杨文强：追求头发丝十分之一的精度[N]．中国教育报，2022-05-04（2）．

## 三、如切如磋，追求永无止境

优秀的工匠从不满足于已有的产品质量，总是不断寻求技艺突破和品质提高。在生产实践中，工匠的不断打磨产品、精雕细琢、力求完美的过程，是他们的追求永无止境的具体表达。

### （一）永不满足的工作态度

精益求精在实践层面的表达就是以永不满足的工作态度，以“人有我优”的技术追求，选定一个目标，努力用一生的时间和更多的精力，精心打造，永不放弃。精益求精作为行为方式，是指工匠在产品生产过程中，不厌其烦，不懈钻研，把生产的每一个产品当作工艺品一样精雕细刻、耐心打磨。有企业家将之形容为“一针捅破天”的决心，即在行业细分领域做到国内第一乃至世界第一的决心。有了这样永不满足的工作态度，久久为功，就能创造出与众不同的发展奇迹。

为水电站生产核心设备的哈尔滨电机厂的裴永斌，他的工作是生产关键设备弹性油箱。弹性油箱的品质关系到整座水电站的安危。弹性油箱加工过程中注入冷却液产生的烟雾，致使要求极为精密的加工过程都处在雾里看花的状态。裴永斌是全厂唯一靠双手摸就能“测量”油箱壁厚的工匠，其测量精度和效率甚至超过一些专用仪器。现在需要使用数控机床加工弹性油箱，裴永斌依然充满进取精神，经过反复的琢磨、反复的修改，数控机床在他的操作下加工精度越来越接近完美。成绩面前不骄傲、不满足、不断进取是裴永斌成为顶级高手的深层动因。80后工匠陈亮，经他之手制作出的工业模具，精度可控制在1微米左右。但是他仍然给自己制定了这样一条工作准则：“再仔细一点点，离一微米的精度就能更近一点点。”这些追求极致的劳动者，将精益求精内化于心、外化于行，书写出中国制造的辉煌篇章。

工匠在技艺提升的实践中感受到了美的彰显，由对美的追求进一步产生了道德意识、规范了道德行为。在工匠琢磨器物的过程中，产品的精良体现的是其高超的技艺，而附着在产品上的精美则体现了工匠对美的追求与践行。一件完美的产品，绝非只注重功用而忽略审美的享受，同时工匠也并不是只追求华而不实的器物，而是将实用与审美结合起来，这是一个工匠毕其一生都在不断追求和践行的目标。

### （二）对循美至善境界的不懈追求

精益求精追求的是道技合一和循美至善的境界。工匠活动集生产与创造、实用与审美、技术与艺术于一体，工匠在手工劳动或技术实践中，也将自己的审美融入产品生产之中，随着技术熟练程度的提高，逐渐达到心手合一、心物相通的境界。这使工匠劳动不仅是一种物质性生产活动，更成为一种艺术性生产和展示活动。技术和艺术在工匠追求精益求精的过程中，实现了相融相通。孟剑锋是北京工美集团的一名錾刻工艺师，他在厚度只有0.6毫米、横截面2.5平方毫米的银片上，经过百万次的精雕细琢，雕刻出每道细纹只有0.07毫米的纯银丝巾。2014年，在北京亚太经济合作组织（APEC）会议上，各国领导人对此叹为观止。孟剑锋无法容忍机械制造带来的细小砂眼，也不愿违背纯手工的诺言。在雕刻过程中，他的右手被烫出水泡、起了厚厚的茧，但丝毫没有动摇他精益求精、不断超越与追求极致的决心。

这种对循美至善境界不懈追求的精益求精精神，为浙江发展提供了不竭动力，成为浙江克服资源贫乏等不利因素，崛起为经济强省的成功秘诀和精神密码。浙江是越国故地，越地山岭阻隔的自然生态环境导致越地先民生存艰难，直到南宋时期还有着“地狭民贫”的说法。在农业文明中，那些自然地理条件比较适合种植的地区，粗放式的生产占主导地位，农业生产通常只有春播和秋收两个环节。这种优越的自然环境使精细丧失了必要性，故而很难培育出精细的风格。越地则不然，由于恶劣的生态环境，明清以后人多地少的矛盾始终非常突出，一直面临着资源性的生存压力，这也为越文化提供了生长的沃土。因此，提高工艺质量成为缓解生存压力的有效途径，这就迫使越地人必须在各类生产上精耕细作，在每道生产环节上精雕细刻。久而久之，越地人就把“精细”演绎到了极致，形成了独具浙江特质的工匠精神。

随着工业化时代的到来，越来越多的浙江制造业企业对标国际先进企业，深度参与全球竞争，逐步晋级全球价值链的中高端，“浙江制造”逐步迈向高质量发展。高质量发展建设共同富裕示范区，是浙江忠实践行“八八战略”、奋力打造“重要窗口”的核心任务。要把忠实践行“八八战略”、奋力打造“重要窗口”作为一以贯之的主题主线，以“八八战略”放大优势，以“浙江之窗”展现“中国之治”。

## ◎案例2-6

### 高考作文题中提到的90后技工

2022年6月7日，高考作文题新鲜出炉。浙江高考语文作文题中提到了浙江近年来多名高层次青年人才。其中，在浙江省玉环市工作的设备维修员杨杰的故事被引用了——90后青年工人杨杰，从一名普通的学徒工成长为“浙江工匠”，获得浙江省劳动模范称号。

杨杰是90后，作为一名技能大师，他很年轻。“学习是一件永无止境的事，停下来就会被淘汰，只有匀速奔跑，才能得到更多机会的垂青。”这是杨杰一路走来的感受，也是他不断突破、提升的内生动力。2011年中专毕业后，杨杰进入玉环凯凌机械集团股份有限公司，成为维修科一名普通的学徒工，从事设备检修工作。从此，杨杰踏上了漫长而艰辛的学习之路。

他与师傅李彦斌形影不离，认真观察、仔细揣摩师傅的每一个动作、每一个细节，稍有疑虑，便要缠着师傅问到底。有时为了弄清一个原理，他就翻出图纸反复琢磨、研究，像一块海绵不断汲取着知识的养分。

在努力学习中，杨杰的技艺不断提升。车间里曾有三台旧淬火炉，如果杨杰不改造，它们的命运可能就是被当作废铜烂铁卖掉。“原来的电气控制装置已用了十多年，控制设计落后，故障率高，安全控制失效。”杨杰说。经过改造，重新设计控制程序，调试控制装置，降低了故障率，设备控制也更加安全和完善。在维修设备的同时，杨杰还完成了电气和机械的全体改造，历时一年多，为公司节约了20多万元。

他的努力也带来了回报。2013年，他参加了当地的职业技能大赛，以维修电工组总分第一名的成绩，成为“玉环县技术能手”和“青年岗位能手”，并获得高级电工证书。此后，他在浙江台州“全市职业技能大赛”中再次夺冠，并获得了“数控机床装调与维修”工种的技师证书。2019年4月，杨杰被评为浙江省劳动模范，2022年4月获评玉环市首届工匠年度人物。

邹倜然.被写进高考作文题的90后技工[N].工人日报，2022-06-11（3）.

## 第三节　一丝不苟　淬炼工匠品格

一丝不苟是工匠的一种态度，工作的精细源于对生命和事业的一种敬畏。对于我们每个劳动者而言，工匠精神意味着信守承诺，做事认真，一丝不苟，规则意识强，集中精力做好自己的分内工作。一丝不苟，是工匠的作风、匠心的品质。岗位可以平凡，追求必须崇高。“匠心”作为一种职业精神，是实现个人成长进步的重要道德指引。

## 一、严谨认真，恪守职业准则

工匠精神是在具体实践过程中形成的职业道德、职业能力、职业品质的统一。具备工匠精神的人对工艺品质有着不懈追求，以严谨的态度规范地做好每一道工艺，小到一支圆珠笔芯，大到一架飞机，每一个零件、每一道工序、每一次组装都要追求极致。

### （一）以偏毫厘不敢安的态度对待工作

各行各业的工匠做事都有法度。《淮南子·修务训》中这样写道："无规矩，虽奚仲不能以定方圆；无准绳，虽鲁班不能以定曲直。"为确保器物设计与制造的品格和质量，工匠做事必须以设定的准则为衡量的标准。正如《墨子·法仪》中所云："百工为方以矩，为圆以规，直以绳，衡以水，正以县。无巧工不巧工，皆以此五者为法。"

严守职业准则是工匠自律的基本内容。在手工业时期，每个工匠都有自己的专业方向与工艺特长，对自己所制造的产品负有责任。这种传统的手工业劳动实际上是一种全过程生产劳动，产品的设计、制造、质检、销售等各个环节往往都由工匠独自完成。如果制造的产品存在质量问题，难以满足消费者的要求，工匠就很难通过手艺谋得生存。因此，对品质追求的一丝不苟的工作态度就成为工匠精神最突出的特征。工匠精神承载着匠人对技艺守护的虔诚信仰，肩负着匠人对技艺传承的庄严使命，更彰显着匠人对技艺经营的职业尊严。

一丝不苟是工匠对待职业的基本态度。偏毫厘不敢安，工匠从细处着眼，于小处见大。在细节上没有终点，细节和精度决定了产品最终的成败，1%的疏忽大意就可能导致100%的失败，只有把每一道工序、每一个步骤、每一个环节认认真真、扎扎实实做好、做实、做到位，才能让产品和项目趋于完美。1985年，海尔集团当众砸毁存在质量问题的冰箱，仓库中尚存的7台冰箱也因外观有划痕而被当众砸毁。这正是工匠严谨认真、一丝不苟精神的直观体现和历史见证。

一丝不苟体现了高度负责的职业道德。工匠的一丝不苟，表现在对每一个数字和标准的严格要求上。对"毫厘"的斤斤计较，实质是对工作的高度负责和敢于担当。中国航天科技集团铣工李峰，在高倍显微镜下手工精磨刀具，即使5微米的公差也要"执拗"返工。中国能源建设集团陈远春，数十年累计完成各类爆破任务1.5万余次，保持零事故率的骄人纪录，每次爆破前他都反复提醒自己："细节，细节，除了细节，还是细节。”

一丝不苟的大国工匠铸就了民族品牌。当今世界，品牌的竞争日益激烈。中国制造要实现由“大”至“强”的转变，必须打造一大批有国际影响力和竞争力的民族品牌。而品牌的形成离不开品质的提升，品质的提升离不开各行各业劳动者一丝不苟的敬业精神。正是千千万万劳动者一丝不苟做好产品的现实行动，才使得优秀民族品牌不断涌现，走出国门，走向世界。中国商飞上海飞机制造有限公司钳工胡双钱说：“每个零件都关系着乘客的生命安全。确保质量，是我最大的职责。”在国产大飞机C919研发和试飞阶段，他担任首席钳工，经手的零件无一出现差错。大飞机作为“国家名片”，是中国制造强国的重要体现。

### （二）在质量追求上领跑时代

当今社会，科技已进入要求“零误差”的时代。产品制造系统、产业体系、社会治理结构日趋复杂，即使微小的误差和疏忽，也可能铸成大错。因而，一丝不苟的工匠精神具有重要的时代意义。一丝不苟的工匠精神不仅存在于制造业，也存在于服务业，甚至存在于精神生产领域，它要求社会物质和精神的生产者、服务者具有良好的职业品格。

质量促进发展。浙江工匠立足岗位、潜心练艺、坚守初心、践行使命的行为准则，过去是、现在是、将来仍然是推动浙江发展、应对各种挑战的根本动力。浙江作为中国革命红船起航地、改革开放先行地、习近平新时代中国特色社会主义思想重要萌发地，正在把严谨认真、一丝不苟的工匠精神应用在社会治理的方方面面，推动各行各业、各个部门恪守职业准则、把好服务质量关，想企业和百姓所想，急企业和百姓所急，致力于高效解决问题，化解矛盾，使企业和老百姓的满意度不断提升。

质量惠及民生。浙江省第十五次党代会报告指出，要着力开创民生优享的社会发展新局面，大力推进公共服务优质共享，探索构建共富型大社保体系，加快构建橄榄型社会结构，全省域推进共同富裕现代化基本单元建设。聚焦群众急难愁盼的问题，浙江不断扩大优质公共服务供给，更大力度建设教育强省，加快推进职业教育现代化；深化健康浙江建设，构建全民全程健康服务体系，着力加强基层医疗卫生体系建设；积极稳妥推进企业职工基本养老保险提标扩面，完善城乡居民基本养老保险制度；全面实施“扩中”“提低”行动，完善高质量就业创业体系，推动更多低收入群体进入中等收入群体行列；一体推进城乡风貌整治提升和未来社区未来乡村建设，构建居民幸福共同体。

质量领跑时代。在高质量发展中推进共同富裕先行和省域现代化先行，不断满足人民全生命周期美好生活需要，滚动办好各类民生实事，浙江让人民群众有了更多实实在在的获得感。近年来，浙江人民收入更高了，精神生活更丰富了，绿水青山更美了，群众就医、办事、入学更便捷了。浙江特质的工匠精神使浙江不断地精彩蝶变，浙江人民的生活更加殷实、幸福、可感。

## ◎ 案例2-7

### 质量是整个项目建设的生命线

2001年，刘云波中专毕业后开始从事测绘工作，至今已有20余载。在前辈和同事的培养帮助下，他从一个普通的作业员逐步成长为一名高级工程师。一路走来，一个个脚印、一项项荣誉，都渗透着他艰辛的汗水和成功的喜悦。

自2017年转岗从事技术质量工作以来，项目质量的好坏成了他最为关心的事。他说："质量是整个项目建设的生命线，浙江省测绘科学技术研究院作为省内行业龙头，质量水平在整个行业都起到一定的表率作用。"对如何把控好质量关，他有自己的一套方法。他说："质量应该是干出来，而不应该是我们质检人员查出来的。"为此，不管是内部培训，还是到测区走访，他说的最多的就是要作业人员牢固树立质量意识，把"质量立院"的理念牢记于心。在审查技术设计书、投标文件时，尤其是新型重大测绘项目时，他也是一再仔细，为的就是保障技术设计方案优质合理，为项目的具体建设提供最具可实施性的方案。从事技术质量工作以来，由他审核把关的技术设计文件近300份，投标技术文件500多份，项目涉及不动产测绘、国土三调、工程测量、土地规划和地理信息系统开发等，从未出过任何质量问题。刘云波不仅自己认真把好审查关，为确保整个中心项目成果质量，他还在测绘工程中心组建了一支技术过硬的质检队伍。这支队伍由各个科所不同项目的技术骨干组成，可以根据项目需求，由技术质量科灵活、随机抽调。这既保证了项目质量，又促进了科所之间技术人员的业务交流。在他的带领下，已有十几个项目荣获省部级优质工程奖。

袁于评.匠心筑梦 做新时代的测绘尖兵：记"浙江工匠"获得者刘云波[J].浙江国土资源，2021（7）：56-57.

## 二、精雕细琢，践行职业素养

古往今来，精品佳作无不是厚积薄发、千锤百炼的结晶。精于工、匠于心、品于行，在精雕细琢中笃定前行，怀着感恩之心、敬畏之心、自豪之心，认真负责、一丝不苟地对待自己的职业，做好产品，做好服务，是一代代大国工匠潜心追梦的动人之处，也是制造大省浙江飞速发展的深层原因。

### （一）在精雕细琢中笃定前行

“一丝不苟”是工匠制造器物过程中凸显出来的职业准则，是追求产品至善至美的职业精神。达到这种精神境界，需要纯熟的技艺和经验，需要坚定的职业理想和信念，即使是拧螺丝钉，也要当拧螺丝钉的专家。

以敬畏之心把事情做好。一丝不苟凸显了工匠高度的责任心，高度的责任心源于对职业的慎重选择和敬畏之情。工匠把职业看作是神圣的、不可亵渎的。中国传统社会中，职业生涯的起步是拜师学艺，要先拜祖师，再拜师傅，献上厚礼，领受门规，以隆重庄严的仪式，表示从业的虔诚以及对本行业的敬重，表明职业是神圣的，日后任何情况下，不得做亵渎职业的事情，否则将会受到相应的惩罚。职业不仅是我们个体赖以生存的平台，也是人类社会存在和发展不可或缺的组成部分，无论是研制航天卫星，还是烹饪饮食，同样都是伟大神圣的，都是对人类的贡献。因此，一丝不苟的工匠精神就是对职业充满自豪感，工匠不仅从职业中得到个人生存和发展的途径，而且愿意为职业奉献一生。

以爱岗之情履行职业使命。没有坚定的职业理想和信念，没有爱岗敬业的职业品德，就很难在生产和服务过程中产生精雕细琢、追求品质的深层动力，职业道路也是走不远的。正是对职业的敬畏、对工作的执着、对产品的负责及吃苦耐劳、甘于奉献的职业使命感，才成就了工匠们和大师们的一流业绩和职业辉煌。

## ◉ 案例2-8

### 青春在机床旁闪光

7月的深夜，浙江省台州市黄岩区第一职业技术学校的模具实训室里灯火通明。为了让一个模具工件的抛光达到镜面效果，实训教师何英豪正手把手指导学生。实训室里闷热得很，汗水一滴一滴落下来，但他们毫不在意。

何英豪说：“我们这一行，容不得一点浮躁。只有把每一个环节都一丝不苟地完成好，才算是合格的工匠。”

何英豪1998年出生，2014年初中毕业后选择了就读技师学院。从此，何英豪开始频繁地跟模具打交道。他学得很认真，但偶尔也会觉得，这个工作每天就是把模具摆弄来、摆弄去，似乎有点儿沉闷。有一次，何英豪回家休假。饭桌上，父亲聊到了当初刚到宁波时没找到工作，在街头徘徊的往事，然后深有感触地说："只要踏踏实实学习，踏踏实实做事，是金子一定会发光的。"父亲的这句话给何英豪留下了深刻的印象。后来，每每对自己的选择有所动摇的时候，或者是有点心浮气躁的时候，何英豪都会想到这句话，想到父亲的经历。他对自己说，要沉住气，要耐得住寂寞，要把手艺练好，这是最重要的。

何英豪心中的梦想被点燃了。他决定报名参加学校的竞赛小组，他更想进入国家集训队实训学习。经过选拔，何英豪如愿以偿进入了国家集训队实训学习。每一天，他都把时间花在实训室里。每个周末，他只在周五晚上回一次家，第二天又返回集训队，继续训练。就连节假日，他也放弃了旅行与休闲，每天都是高强度训练，结束后还要和小组成员分析当天出现的问题。这样的状态，他们持续了一年半时间。

为了解决一个技术难题，有时候他会待在机床边，从早上一直到深夜。功夫不负有心人，2018年，何英豪在第45届世界技能大赛全国选拔赛中，夺得第五名的佳绩。次年，他来到台州黄岩区第一职业技术学校任教，成了一名模具实训指导教师。

这个暑假，何英豪陪着学生们一起，把时间全都花在模具实训上。他已经很久没有回家了。汗水落在机床上。正在打磨的模具像镜子一样闪闪发光，映照出几张年轻的脸庞……

周华诚，陈娴，许明明，等.青春在机床旁闪光[N].人民日报，2022-08-17（20）.

### （二）怀着敬畏之心行稳致远

敬畏之心是良好职业素养的重要元素。只有心怀敬畏之心，才能一丝不苟地操作工具、雕琢器物、执行标准，才能不违背职业道德、不弄虚作假、不偷工减料，才能把对职业的责任落实在职业技能和产品质量的提高上，最终打造出品质上乘的产品。没有职业伦理和职业道德的支撑，就没有精雕细琢、严谨认真的态度，其工匠技艺就不可能行之久远。

敬业乐业是浙江工匠的良好职业品格。浙江人在几千年奋斗发展史中形成的对职业的敬畏、对工作的热爱之情代代相传，它始终激励着浙江人民奋发图强、开拓创新，展现出强大的生命力和创造力。敬业精神是改革开放以来，浙江人民在奋斗历程中所体现出来的敬业实干、勤劳致富、奋斗创造幸福的精神，已然成为推动浙江实现共同富裕的原动力，使浙江这个资源小省在经济强省的道路上行稳致远。

## 三、砥节砺行，诠释职业追求

工匠精神体现在工匠责任之中，工匠对职业有着崇高的使命感和荣誉感，这是一种超出物质回报的责任心。这种责任心引导激励着工匠们全身心地投入其中，为职业奉献毕生精力，创造出无与伦比的精美产品。在雕琢打磨产品的过程中，他们收获的不只是有形的物质实体，更有精神上的满足感与幸福感。

### （一）万千付出只为享受职业满足感

工匠精神就是热爱所做的事胜过爱这些事所带来的利益。正如孔子所说："知之者不如好之者，好之者不如乐之者。"（《论语・雍也》）鲁班从小跟随家人苦学技艺，几十年如一日。鲁班所有的发明创造，他所做的一切，全都是基于他对自己职业的热爱、对自我工作岗位的坚守，以及对工作一丝不苟的态度。墨子是与鲁班齐名的能工巧匠，与同时期脱离劳动的士人不同，墨子由匠人上升为士后，仍然坚持从事工匠劳动，并以此为荣。

具有工匠精神的人对所从事的职业充满热爱。工匠可以几十年如一日地扎根于某一领域，并在自己的职业生涯中追求和实现人生的价值。就像孔子自述生平时所说："其为人也，发愤忘食，乐以忘忧，不知老之将至云尔。"（《论语・述而》）热爱所做的事，胜过爱这些事给自己带来的金钱，把事业追求与人生追求完美融合，这就是大国工匠的乐业精神。

中华民族历来有"敬业乐群""忠于职守"的传统，爱岗敬业是中国人的传统美德，也是社会主义核心价值观的基本要求之一。敬业是一种超出物质回报的责任心。工匠之所以对自己的职业有着崇高的责任感，是因为他们坚信自己的职业工作有着不同寻常的意义和内涵。敬业之情能让人高度认同自己的工作，喜爱自己的工作。获得全国挖掘机操作技能竞赛第一名殊荣的挖掘机驾驶员刘二伟，练就了用挖掘机臂开啤酒瓶盖的绝活，这种神乎其神的技艺就根植于他对自己职业的高度荣誉感。坚守职责，因为付出有时比得到更快乐。工匠通过履行自己的责任，能够获得心理上的满足感和精神上的幸福感。

中华人民共和国成立初期，在关系我国石油工业命运的大规模石油会战中，以铁人王进喜为代表的石油人，"宁可少活二十年，拼命也要拿下大油田"，"有条件要上，没有条件创造条件也要上"，为共和国摘下了"贫油国"的帽子。老一辈石油工作者以祖国的荣誉为骄傲。中国特色社会主义进入新时代，为国铸剑不容许一丝马虎的贺潇强，将独门绝技推广到全国汽车行业的发动机维修工张永忠，以其理想信念和责任担当为祖国的航天事业站好每一班岗的航天人，他们在各自的岗位上潜心钻研，不急功近利，不贪图名利。他们的奋斗与奉献，只为获得一份职业满足感。他们以实际行动诠释着新时代技能工作者的劳动美、匠人心。

### （二）在平凡岗位上书写不平凡业绩

工匠精神就是把平凡的事情做到最好的信念，能够几十年如一日地坚守在平凡的岗位上，把工作做到极致，实现人生价值。浙江正泰集团董事长南存辉的创业历程充分彰显了这种精神。南存辉说："有人劝我投资房地产，不投资至少损失100亿元人民币。我说也许不止，也许没有。"专注制造业的南存辉选择的是坚持打磨"中国智造"。在2015年制造业整体遇寒的情况下，这家从家庭作坊式小厂发展而来的企业成绩亮眼：集团主营业务同比增长15%，其中智能高压电器业务增长20%。

浙江拥有众多工匠精神的诠释者。浙江有很多"百工之乡"，比如永康，自宋代起就有许多铜匠、铁匠、锡匠走南闯北，做些打铜修锁、钉秤补锅的活，这是永康崛起为"中国五金之都"的历史底版。新中国成立以来，浙江人民在平凡的岗位上书写着人间奇迹，他们用自己的双手为社会奉献着智慧和力量。浙江工匠的技能技艺让人们为之震惊，为之叹服，为之激动，为之点赞。浙江人民创造的灿烂奋斗史，彰显了观念、理性、胸襟、情怀、品行、气节和志向所凝聚而成的代表爱岗敬业品质的工匠精神，为浙江发展作出了重大的贡献。

## ◎案例2-9

### 情系海岛　心牵渔民

吴建国，1965年8月出生，浙江嵊泗人，中共党员，舟山海光明电器有限公司技术总监。

船舶维修电工是一种安全要求高、工作环境差、技术要求全面的工种。吴建国一方面向老师傅学习，另一方面参加函授学习和电工培训。他坚持学中干、干中学，靠着一股子钻劲和韧劲，掌握了专业的实际操作技能。他先后考取了职业资格维修电工技师、船舶电工技师，并于2007年获国家维修电工职业技能鉴定"考评员"资格。随着科技的发展，各种高端渔用电器在渔业生产中普及，他开始关注有利于舟山海岛渔业生产的技术改造与自主创新。2013年他研制的填补国际空白的"5kW大功率空中捕鱼灯"，获国家级发明专利；2015年研发的"船舶柴油机紧急停车控制装置”，以显著的节油效果和航行安全保障在舟山市推广；2017年研制的“智能彩色鱼探仪”，通过蓝牙无线传输，让游客通过手机就能实时查看海底状况，成为舟山旅游休闲的一大“利器”。

经过多年的磨炼，吴建国积累了丰富的工作经验，他逐步把目光投注在与渔民群众息息相关的生命财产保障和海洋环保技术革新上。2012年，一次偶然的机会，他得知船用发电机因为发电电压的输出异常导致渔船生产作业间断性停止，这给渔业生产带来了巨大损失。为了解除广大渔民的后顾之忧，吴建国急渔民所急，想渔民所想，决定自主研发“渔用发电机稳压器的改进工艺”。在无技术力量援助和模具数据借鉴的情况下，他无数次走进闷热的船舱，向船员仔细询问发电机的运行状况，通过经验积累、模拟实验，成功研发了“渔用发电机励磁稳压器的改进及工艺”。这一技术的应用彻底解决了灯围生产渔船经常出现的发电机故障问题，为舟山全市渔业生产增加了产量，节省成本达8000万元。2014年他研发的“船舱进水警报器”，更是有效保障了渔民财产安全。吴建国之所以做这个发明，是因为他听说舟山有一艘渔船停靠在海礁边，夜间休息时因船舱进水导致渔船沉没，船上3人遇难。他说，这个项目一天不做成，他就一天睡不着觉。

“德行义举，本为服务。”吴建国长期奔波在渔业生产一线，他深知，产品研发是技术活儿，服务渔业一线则是做人根本。为此，在他的笔记本上记录着所有使用他产品的船号和联系号码。为了给渔船渔民节约成本，降低设备维修费用，他多次对损坏的启动马达、发电机组件、操作手柄等进行修理、清洗、重新安装，从不收取任何费用。在他的心中，有着“情系海岛，心牵渔民”的不变情怀。

吴建国：情系海岛 心牵渔民[J].今日科技，2017（5）：7.

## 第四节　追求卓越　提升工匠境界

党的二十大报告指出，高质量发展是全面建设社会主义现代化国家的首要任务。“追求卓越”的工匠精神是生产者在对产品进行精细化、完美化生产过程中所产生的一种精神理念，也是对高质量发展的不懈追求。生产者在精细化生产的过程中，所获得的不仅仅是优秀的产品，还有精神层面的享受。无论是在传统农耕社会还是现代信息化时代，出精品、担重任、铸匠心都是匠人的价值旨归，弘扬匠人锐意进取、改革创新、科魂匠心的精神都是时代的发展诉求。当前，我国正处在从工业大国向工业强国迈进的关键时期，要着力培养追求卓越的工匠境界，为推进中国制造的“品质革命”提供源源不断的动力，推动实现高质量发展。

## 一、锐意进取，打造行业精品

《礼记·中庸》中指出：“人一能之，己百之；人十能之，己千之。果能此道矣，虽愚必明，虽柔必强。”匠人对精湛技艺永无止境的卓越追求为打造行业精品奠定了坚实的基础。打造行业精品、塑造品牌形象是企业参与市场竞争、占领市场制高点的重要途径之一。只有打造行业精品、塑造“中国品牌”，中国经济发展才能进入质量效益时代，中国制造业才能在做大做强中跻身世界前列。

### （一）在惟精与惟一中锐意进取

“惟精惟一，允执厥中”出自《尚书·虞书·大禹谟》，其原意是：“只有精研体察，专一诚实，才能保持不偏不倚的中道。”明代思想家王阳明曾在为弟子解惑时说道：不断精进的目的是“惟一”，不断精进刻苦钻研是做到“惟一”必须下的功夫。王阳明用米来比喻，要想得到纯然洁白的米是我们做这件事的唯一目的，舂簸筛拣是我们得到纯然洁白的米必须下的功夫，这种“惟精”的功夫是贯穿始终的，而不是在达到“惟一”目的后就停止。惟精惟一的态度要求匠人必须始终保持锐意进取的精神。

匠人锐意进取的职业追求在品牌形象塑造过程中具有不可替代的作用。它是企业品牌内涵的重要体现，也是塑造企业品牌知名度的有效途径，更是企业品牌资本增值的重要来源。人们熟悉的海康威视、吉利汽车、阿里巴巴、义乌小商品等都是浙江“名片”。中国古代早就有“艺痴者技必良”的说法。古代工匠大多穷其一生只专注于做一件事，或几件内容相近的事情。《庄子》中记载的游刃有余的“庖丁解牛”、《核舟记》中记载的奇巧人王叔远等大都如此。在长期的实践过程中，匠人积累了大量的实战经验。在经验的基础上继续开拓进取、不断突破正是“工匠精神”追求卓越的表现，就是要突破原有知识体系和技术技能的局限，对工作始终秉持锐意进取的态度，并且将这些主观意识附着于行动能力上，打磨技艺，磨炼心性，最终再创造出先进的技术或制造出优质的产品。中华老字号“知味观”之所以能够驰名世界，也是得益于其“食不厌精、脍不厌细”的锐意进取的精神。

## （二）在锐意进取中打造行业精品

根植于生产的工匠精神有助于提升品质与水平。高质量的产品承载着人们对美好生活的向往，促进自主品牌的影响力和认知度的提升。为此，国家需要大力推进中国制造向中国创造转变、中国速度向中国质量转变、中国产品向中国品牌转变。

1937年9月26日，中国人自主设计、建造的第一座跨江大桥如虹般飞架钱塘江两岸。“钱塘江上造桥”曾是一句谚语，用来形容说大话、吹牛皮。钱塘江潮涌凶猛，江底石层被流沙淤泥覆盖，让人不禁感慨“钱塘江无底”，造桥更是无从谈起。然而，在物资匮乏、战火纷飞的岁月，桥梁专家茅以升带领团队，不顾艰难险阻，解决80多个重大难题，架起了一座长1453米、宽9.1米、高7.1米的铁路公路两用双层大桥，书写了工匠精神的名篇。改革开放后，我国经济飞速发展，市场上不断涌现的大量具有高市场价值的成功品牌，成为中国在经济全球化中软实力积聚的标志。奥康作为中国品牌的代表之一，在业界获得许多赞誉。做好一双舒适的皮鞋并不简单，皮料的质量、工艺的打磨、鞋楦的设计，需要通过层层关卡。奥康能从众多国货鞋类品牌中脱颖而出，源于其对行业精品的追求。

打造行业精品是新时代赋予品牌建设的新任务。根据《浙江省人民政府关于高质量发展建设全球先进制造业基地的指导意见》，浙江省深化制造业质量革命，建设高水平高质量基础设施，推动内外贸产品“同线同标同质”，每年培育品牌企业300家、“浙江制造精品”200项。浙江匠人锐意进取的工匠精神支撑着浙江制造业的发展，使其在百舸争流、千帆竞发的时代洪流中勇立潮头，在不进则退、不强则弱的竞争环境中赢得优势。

### ◎案例2-10

#### 焊枪作证 匠心筑梦

陈立虎，一名电力施工企业普通的电焊工，凭借着自己对焊接技术孜孜不倦的探索和追求，在焊接技术领域取得了令人瞩目的成绩，多次在浙江省以及全国的焊接技能大赛中获得优异成绩，并先后被授予“全国技术能手”“浙江省十佳能工巧匠”“浙江省首席技师”“浙江省职工技能状元‘金锤奖’”等称号。2017年“五一”前夕，陈立虎荣获“浙江工匠”称号。

陈立虎自1994年参加工作以来，长期在艰苦的电厂建设施工现场摸爬滚打。他曾参加北仑电厂、嘉兴电厂、玉环电厂、三门核电站等十余个重点工程的建设，出色地完成了锅炉压力容器焊接施工任务和技术攻关。他用手中的焊枪累计完成了3万多个高压焊口的焊接任务，相当于一台60万千瓦机组的焊口总量，焊接一次合格率达99%以上，远远高于公司要求的95%的合格标准。

为了提高焊接专业水平，陈立虎几乎把所有的业余时间都用在了理论知识的学习上，在他的工地宿舍里，桌上、床上堆满了焊接理论书和专业刊物。功夫不负有心人，他用焊枪“焊”出了自己闪光的人生，也焊出了浙江火电的品牌。

为解决焊接过程中的盲点和死角问题，陈立虎练就了一套利用镜子成像进行焊接的技术，解决了很多现场焊接难题，凭着此项技术入围了全国总工会和中央电视台组织的“2007劳动榜样”活动决赛。

在国内首台百万级机组的华能玉环电厂安装中，他遇到了超级304、P92、T122等新钢种，这些都是国内首次接触和使用的钢种，为此陈立虎积极参与各钢种的焊接工艺评定工作，出色地完成了任务。此次P92材料焊接的工艺评定填补了国内空白。

多年的焊接经历，使得陈立虎修炼了三项出色的技能：一是高难度位置的焊接，如在集装箱密集型焊口的焊接、板件仰焊等操作中具有全国顶尖的操作水平；二是有丰富的经验，对大口径厚壁管返修具有很高的一次成功率；三是对高合金等钢材的焊接具有全国一流的操作技能。

多年来，陈立虎坚守“工匠”引领示范作用，潜心研究，精心打造焊接品牌，一批批焊接“工匠”也在他的精心打造下得道出炉，走向各个电建工地和厂矿企业，在工作岗位上发挥着重要作用。

郁爱定，黄吉祥.陈立虎：焊枪作证 匠心筑梦[J].中国电力企业管理，2017（5）：92.

## 二、改革创新，勇担时代重任

对工匠精神的坚守和传承，并不意味着因循守旧，故步自封。社会的进步、科技的发展需要守正与创新的辩证统一。在激烈的市场竞争和产业转型升级的时代背景下，“之江匠心”被赋予以改革创新为导向、以勇担社会责任为追求的新内涵。这意味着匠人要用钻劲、闯劲、干劲让工匠精神与时俱进。

### （一）在变化与坚守中改革创新

信息技术时代，制造业产品的科技含量越来越高。改革创新是科学技术发展的生命之所在，是我国制造业转型升级的重要保障。《浙江省人民政府关于印发浙江省新一轮制造业“腾笼换鸟、凤凰涅槃”攻坚行动方案（2021—2023年）的通知》提出实施“创新强工、招大引强、质量提升攻坚行动，加快产业结构调整，推动制造业质量变革、效率变革、动力变革，全力建设全球先进制造业基地”的目标，从而提升制造业的智造水平。

浙江勇于探索的改革创新精神源自其优秀的传统文化。不崇尚权威，不墨守成规，具有冲决网罗的昂扬气概。王阳明创立的阳明心学，高扬人的主体性精神，反对据守经典，大胆提出“求之于心而非也，虽其言之出于孔子，不敢以为是也”的观点。明末清初以来，浙江涌现出一大批思想家，如黄宗羲、龚自珍、章太炎、鲁迅等，都对封建伦理制度进行了猛烈批判。这种精神延续到改革开放时期，又表现为反对教条主义，敢于尝试，从实践中探索和认识真理，寻找发展路径，形成了“温州模式”“义乌市场”。中国特色社会主义进入新时代，创新精神在浙江又表现为勇于探索，敢于担当。在工匠精神的引领下，浙江不断探索和深化数字浙江建设，明确提出加快发展新商业模式，大力培育数字经济新热点，推动现代科技与传统贸易相结合，跨境电商等各种贸易新业态新模式不断产生。

浙江省第十五次党代会报告强调，浙江省今后五年的主要任务是着力推动全面转入创新驱动发展模式，大力建设具有全球影响力的科创高地和创新策源地，打造世界重要人才中心和创新高地战略支点。浙江坚持把创新作为转型升级的关键，争当创新驱动发展先行军。当前浙江众多制造业企业不断加大科技创新投入，将科技研发放在战略核心位置。2017年，以浙江大学和阿里巴巴集团为主要研究力量的之江实验室落户杭州未来科技城，杭州城西科创大走廊已成为有全国影响力的科创中心。宁波、嘉兴等地的科技城发展成为创新主阵地。到2025年，浙江省拟定重点培育30名左右浙江大工匠、300名左右浙江杰出工匠、3000名左右浙江工匠、10000名左右浙江青年工匠，形成一支覆盖广泛、梯次衔接的浙江工匠队伍，以求在技术创新、发明创造中作出贡献。

### （二）在改革创新中勇担社会责任

浙江要坚持以“八八战略”为统领，干在实处、走在前列、勇立潮头，努力成为新时代全面展示中国特色社会主义制度优越性的“重要窗口”。为贯彻落实习近平总书记重要讲话精神，浙江全省上下正以勇担历史使命、勇当探路先锋的责任担当，忠实践行“八八战略”，积极实施“走出去”战略，提升国际市场竞争力。

## 拓展

### “八八战略”

一是进一步发挥浙江的体制机制优势，大力推动以公有制为主体的多种所有制经济共同发展，不断完善社会主义市场经济体制。二是进一步发挥浙江的区位优势，主动接轨上海、积极参与长江三角洲地区合作与交流，不断提高对内对外开放水平。三是进一步发挥浙江的块状特色产业优势，加快先进制造业基地建设，走新型工业化道路。四是进一步发挥浙江的城乡协调发展优势，加快推进城乡一体化。五是进一步发挥浙江的生态优势，创建生态省，打造“绿色浙江”。六是进一步发挥浙江的山海资源优势，大力发展海洋经济，推动欠发达地区跨越式发展，努力使海洋经济和欠发达地区的发展成为浙江经济新的增长点。七是进一步发挥浙江的环境优势，积极推进以“五大百亿”工程为主要内容的重点建设，切实加强法治建设、信用建设和机关效能建设。八是进一步发挥浙江的人文优势，积极推进科教兴省、人才强省，加快建设文化大省。

习近平.干在实处 走在前列：推进浙江新发展的思考与实践[M].北京：中共中央党校出版社，2006：自序3-4.

推进重大平台建设。近年来，浙江围绕打造“互联网+”、生命健康、新材料三大科创高地，加快建设之江实验室、湖畔实验室、良渚实验室和西湖实验室等，越来越多的浙江制造业企业对标国际先进企业，深度参与全球竞争，晋级全球价值链的中高端，为实施制造强国战略、全面建设社会主义现代化国家贡献了重要力量。

## 案例2-11

### 技以载道十余载　克难攻坚鉴匠心

他是“设备医生”，能诊治各种设备的“疑难杂症”；他是技改大师，打破国外设备技术垄断。他就是2022年“全国五一劳动奖章”获得者、宁波江丰电子材料股份有限公司（以下简称江丰电子）的首席技师罗明浩。

2005年，罗明浩加入江丰电子，被邀请参与设计中国第一条超大规模集成电路用靶材生产线，主导生产线大型关键设备的设计、安装和调试。罗明浩说：“当时国内所使用的超高纯金属材料及溅射靶材全部依赖进口，市场完全被日本和美国的跨国公司垄断。”“我觉得肩上担子沉甸甸的，但我不信外国人能造出来的东西，中国人不行!”凭着这股拼劲，罗明浩一步一步摸索着前行，一个一个地解决出现的问题。他结合半导体靶材设备实际需要，为中国第一代半导体用高纯铝靶、钛靶、铜靶、钽靶、钼靶、LCD靶等的制造作出了重要贡献。

江丰电子成立初期，由于国外技术垄断，原材料都是进口的，成本较高。如何将铸造自主化，成了罗明浩心中最记挂的事。2011年，江丰电子的2号厂房建成，罗明浩全身心地投入设备的研制。经过无数个通宵达旦的努力，他和同事们逐一解决了炉体高真空和铝液的除气、炉体的液压控制、浇道保温控制、铸造水温控制、铸造速度控制等一系列问题。2015年，国内第一个高纯铝精炼铸造系统投入运营，打破了国外企业对该项技术的垄断，填补了国内在这一领域的空白。

2013年，江丰电子从欧洲进口了行业内尖端的大型分析仪器——VG 9000辉光放电质谱仪。这台设备可以检测出溅射靶材里所含的十亿分之一的杂质，以及杂质中各类金属的精确含量，对纯度的测定可精确到99.9999%。但没想到的是，设备初到中国就“水土不服”，使用中出现了故障。当时只有极个别的外籍专家掌握相关的维修技术，但聘请他们维修花费高、周期长。罗明浩经过近半年的研究与摸索，终于修好了设备，并且让这台高精尖仪器完全适应国内现场要求。江丰电子自此掌握了自主维修技术。

2016年，罗明浩创立浙江省、宁波市两级技能大师工作室及劳模创新工作室。除了对公司的技术难题进行攻关，罗明浩还带领工作室成员承担了改造各种检测设备的任务。尤其是在节能降耗及材料晶粒控制方面，他们自主设计制造的均温炉在性能上超过了国内各类恒温炉，每年可为江丰电子节约电费108万元。目前，工作室已累计申请专利114项。

“关键核心技术是要不来、买不来、讨不来的。”这句话罗明浩始终铭记于心。

余工.罗明浩：技以载道十余载 克难攻坚鉴匠心[J].宁波通讯，2022（12）：50-53.

## 三、科魂匠心，厚植工匠情怀

《中共中央关于制定国民经济和社会发展第十四个五年规划和二〇三五年远景目标的建议》指出，在完善科技创新体制机制方面，要“弘扬科学精神和工匠精神，加强科普工作，营造崇尚创新的社会氛围”。社会发展需要人、财、物，需要拥有先进技术等硬实力，但更需要广大生产主体和劳动者的文化软实力。文化软实力的内核主要包括科学精神与工匠精神，科学精神是科学事业的灵魂，工匠精神的关键是要有“匠心”。新时代需要将“科魂”和“匠心”进行有机融合，这是由科学技术与社会发展的关系决定的。唯有将科学精神与工匠精神相融合，才能实现马克思所说的外在尺度与内在尺度、他律与自律的统一。故而这也是党和国家大力弘扬科学精神和工匠精神的原因之所在。

### （一）科魂匠心源于中华优秀传统文化

党的二十大报告要求我们要传承中华优秀传统文化，传承工匠精神就是传承中华优秀传统文化。工匠精神发轫于战国时期的墨子及其所创立的墨家学派。墨家工匠精神的思想内涵强调工匠技艺应服务于人类和社会的发展。《墨子·鲁问》中有这样一段故事：鲁班以竹木为原料，制作了一只能在天上飞翔三天的木鸟，其技艺可谓精矣。墨子却不以为然，认为其价值不如工匠做的车辖，车辖能够防止车胎脱落，增加车子的载重量，而木鸟的设计却没有任何实用性。以社会功用而言之，匠人做出的东西应该具备真正的实际价值，否则再精美的东西都只是拙劣之物。

《墨子·公输》中记载的“止楚攻宋”的事迹，是中国历史上著名的止战非攻案例。“公输盘为楚造云梯之械，成，将以攻宋。子墨子闻之，起于鲁，行十日十夜而至于郢，见公输盘。”楚国欲兴兵伐宋，鲁班为楚王制造出了当时堪称“大规模杀伤性武器”的攻城云梯。墨子不忍生灵涂炭，于是急切奔走十日十夜到达楚国都城郢，想劝楚国罢兵，然而楚王认为其凭借云梯之威力乃必取宋。于是墨子和鲁班就在楚王面前展开兵棋推演。鲁班的攻城战略被墨子的防御瓦解，楚王起了杀意，未料墨家门徒已持守御工具到宋国帮忙守城，即使杀了墨子，于战局也无济于事。在此情形下，楚国只能罢兵修和。楚国伐宋之战，显然是一场大国欺凌小国的非正义的、不对称的战争。墨子以一己之力化解了一场战争，其承担的社会责任彰显了墨家在匠术之外更兼有人性的光辉。新时代大国工匠要继承和弘扬优秀传统文化中的科魂匠心，在提升技艺的同时，进一步增强社会责任感，为社会发展和人类文明的进步发挥更大的作用。

### （二）在职业生涯发展中铸就工匠情怀

科魂匠心是推动社会高质量发展的重要力量。站在新的历史起点上，之江匠人秉持着浙江独特的历史文化基因，在专业技能提升过程中，坚守着工匠情怀。改革开放以来，浙江在政策并无特殊、陆域资源并不丰富的情况下，成为全国经济发展最好最快的省份之一。其深层原因，就在于文化的力量，在于浙江深厚的文化底蕴能够较好适应市场经济。距今8000年前的跨湖桥人在钱塘江流域制造出了迄今为止世界上最早的独木舟、最早的漆弓，在与大自然的斗争中创造了灿烂的跨湖桥文化；距今5300年到4200年的良渚文化，出土的大量纹饰雕刻精细的玉器，达到了中国史前治玉水平的高峰；明清以来，国药老字号胡庆余堂奉行“戒欺”的经营理念，源于胡雪岩“有诚信便能立世，无诚信则会失世”的道德准则。这些无不体现出造福社会的工匠情怀。

科魂匠心是引领各行各业劳动者奋发向上的精神动力。浙江匠人极具使命感和勇于担当的工匠精神。他们挑着担子，跋山涉水，走村串巷，甚至远赴异国他乡，在求知探索中敢为人先，在实践考察中精研深究。正是浙江百工这种坚韧不拔的毅力、勇于担当的精神，铸造了浙江经济的辉煌。今天，工匠精神的时代内涵早已超越了工匠群体，延伸到了更广泛的行业和群体中，成为各行各业共同坚守的职业操守。工匠精神在之江大地代代相传、生生不息，引领着时代的弄潮儿走在时代前列，走遍神州大地，走向世界大舞台。

## ◎案例2-12

### 坚守生产第一线　潜心钻研铸匠心

毛皮行业是一个古老而传统的行业，历经数千载，依旧“老当益壮”。顽强的生命力诠释着匠人的传统手艺与新技术发展成果的完美结合，同时也不断破解着产业与环境、资源协同发展的难题。这背后凝聚着一代又一代工匠的努力，浙江中辉皮草有限公司总工程师马建标就是突出的代表之一。

马建标发现：以划槽为主要加工设备的传统毛皮加工工艺不但工序复杂，能耗大，而且浪费原材料，污染情况也比较严重。2004年，他开始构思节能减排改造方案，尝试用转鼓代替划槽解决毛皮加工面临的技术难题。经过一年半的时间，历经20多次的调整和改进，终于落地了设备和工艺方案，形成了一套物理和化学法相结合的新鞣制和染整工艺。新工艺的实施使皮纤维的力学性能提升显著，更关键的是毛皮鞣制废液回用可达10次，毛皮染色废液回用可达6次，复鞣废液回用更是高达90次。

为进一步加快节能环保的步伐，2008年，马建标提出了产学研相结合的思路，与四川大学石碧院士团队、陕西科技大学王学川教授团队合作，形成了一支节能环保攻关团队。在原有成果的基础上，通过进一步研究毛皮加工机制，重新优化了装备、工艺、化学品材料研发方案，改进了转鼓的结构和自动化控制，确定了清洁、高效、绿色的发展方向。到2009年，经过上百次的试验，皮质手感、纤维抗张强度得到明显改善，化学品材料节约15%，废液回用率增加20%，平均能耗下降15%，工人劳动效率提升20%。

长时间的一线工作使得他的双手被脱脂液、软化液、酸液、铬鞣液、染色液浸泡得出现肿胀和溃裂，但他依然坚守在工作一线。他每天都要去污水处理厂检查所有仪表显示和记录的数据，发现数据有波动就立刻进行设备运行调整。他高度的责任心和精益求精的工作态度感动和鼓舞着团队的每个人，确保了多年来公司的污水处理厂一直安全、高效运转，从未发生排放不达标现象。

22年来，马建标一直在生产一线钻研前沿技术，兢兢业业，勤勤恳恳，脚踏实地，把提高毛皮生产技术水平、推广节能减排技术当作自己一生的追求。他以孜孜以求、乐于奉献、持之以恒、精益求精的工匠精神，为行业贡献出了一项又一项技术革新成果，对行业的创新发展起到了良好的示范作用，充分展现了新时代大国工匠的卓越风采！

谈正南.坚守生产第一线 潜心钻研铸匠心——记轻工大国工匠、浙江中辉皮革有限公司总工程师马建标[J].北京皮革，2021（5）：52-24.

## 思考题

1.工匠精神具有哪些内涵？

2.结合实际，谈谈如何理解工匠精神的浙江特质。

## 拓展阅读

1.梁小明，笔锋.大国工匠［M].成都：天地出版社，2021.

2.后藤俊夫.工匠精神[M].王保林，周晓娜，译.北京：中国人民大学出版社，2018.

# 第三章

# 德技并修　之江匠才

## ——匠心的培养与浙江实践

职业教育是促进经济社会发展和提高国家竞争力的重要支撑，担负着培养和输出大批高素质技术技能型人才的艰巨任务，应紧紧围绕“培养什么人、怎样培养人、为谁培养人”这一根本问题，在人才培养的全过程中，做到“德技并修、以德率技、以技养德”。探索职业教育建设之路，以匠心之德引领匠技之修，将工匠精神实践融入职业教育改革全过程，为全面建设社会主义现代化国家、实现中华民族伟大复兴的中国梦提供强有力的技能型人才支撑。

之 江 匠 心

## 本章要点

1.培养工匠精神应立匠德以育匠心。匠心之德引领三观夯筑，成就匠人职业生涯；匠心之德引领匠技磨砺，提升行业品质；匠心之德引领匠业聚才，助力强省强国目标的实现。

2.作为新时代的青年，要以爱学技、以勤用技、以新创技，练就过硬的本领和精湛的技艺，追求“道技合一”的境界。

3.作为新时代的工匠人才，应立鸿鹄之志、担强国之任，努力成为堪当民族复兴重任的大国工匠。

# 第一节　立德为本　铸就匠心信念

2013年9月26日，习近平总书记在会见第四届全国道德模范及提名奖获得者时强调，“精神的力量是无穷的，道德的力量也是无穷的”[①]。德，是工匠精神之根，是工匠精神之魂。培养工匠精神必须立匠德以育匠心。以德修身，慎独的品格、严谨专注的态度和细致勤奋的努力，这些都是匠人的自我淬炼，能够成为大国工匠的一个重要原因就是有着以德修技修身的品质。匠心之德引领三观夯筑，成就匠人职业生涯；匠心之德引领匠技磨砺，提升行业整体品质；匠心之德引领匠业聚才，助力技能强省与“两个先行”目标的实现。

## 一、以德为先，树立正确的职业观

纵观古今中外，能成为一名优秀匠人的人，必定是“德”与“技”兼备的人。这里的“德”不单单是指品德素养，更是指职业道德；而“技”也不仅仅指一般技能，更指向高阶技能。这就需要从业者树立正确的职业观以育平实之心，明确职业

① 深入开展学习宣传道德模范活动 为实现中国梦凝聚有力道德支撑[N].人民日报，2013-09-27（1）.

道德的内涵以育守矩之心，践行职业道德的信念以育求进之心，从而成为具有极致匠心和一流技术的大国工匠。

### （一）育平实之心，树立正确的职业观

对于学生个体来说，择业、就业要脚踏实地服务社会。习近平总书记一直十分关心高校毕业生的就业问题，2022年6月8日，他在四川宜宾学院考察时勉励青年学子要弘扬社会主义核心价值观，努力做到德智体美劳全面发展。劳动最光荣，我们的幸福生活是靠劳动创造的，一夜暴富、一夜成名是不现实的。[①]党的二十大报告提出，要破除妨碍劳动力、人才流动的体制和政策弊端，消除影响平等就业的不合理限制和就业歧视，使人人都有通过勤奋劳动实现自身发展的机会。大学生就业要怀着一颗平实之心，综合考虑自身条件和社会需求，防止高不成、低不就。习近平总书记的勉励，为新时代职业院校的大学生树立正确的职业观指明了方向。正确的职业观必须建立在满足社会需要的基础之上，并在服务社会的实践中实现真正的人生价值。树立正确的职业观至少需要做到以下三个方面：首先，要树立崇高的职业理想。职业活动不仅是人们谋生的手段，也是人们奉献社会、完善自身的必要条件。其次，要服从社会发展的需要。社会上的任何职业，都是党和国家事业的组成部分。选择职业，要先了解社会的需求，这是每个人择业的基本出发点。个人能力再强、条件再优越，如果社会不需要，那也难以实现自己的职业理想。最后，要做好充分的择业准备。素质是立身之基，技能是立业之本。青年学子在努力树立正确职业观的过程中，其平实之心也将油然而生。

面对职业院校上述课程设计和课程体系的变革，学生不仅要学好校内专业课程，更要不断提升自身职业能力，及时掌握本专业的就业动态和产业需求等，为未来的毕业就业打下坚实基础。

## 拓展

**以正确的择业观、就业观引导就业预期**

择业观、就业观是人生理想在职业选择上的具体体现，是一个人对职业目标的追求和向往。社会上不同的职业岗位，客观上确实存在着种种差异，择业者在专业特长、兴趣爱好等方面也存在差别，所以每个人都有着不同的择业预期和就业目标。树立正确的择业观、就业观，首先意味着怀有平实之心，综合考虑自身

---

① 赵婀娜，丁雅诵，吴月.千方百计帮助高校毕业生就业[N].人民日报，2022-06-15（1）.

条件和社会需求，增强就业创业能力和职业转换能力。只有以正确的择业观、就业观引导就业预期，才能科学把握就业方向和职业目标，为将来走上工作岗位后摆正工作态度、提升工作业绩打下坚实基础。

赵应云.树立正确择业观就业观[N].人民日报，2022-07-25（5）.

### （二）育守矩之心，明确职业道德的内涵

懂职业标准、守行业规矩是一流匠人的职业道德素养。职业道德是指从事一定职业的人在职业生活中应当遵循的具有职业特征的道德要求和行为准则。作为职业院校的学生，不仅要注重专业技术知识的学习，更要注重提升自身的职业道德素养。例如，在新冠疫情期间，浙江经贸职业技术学院酒店管理专业通过多种方式、多种场景将职业素养教育融入在线教学全过程，为此，学生不仅要掌握本专业的职业技能，更要提升自身的职业道德、身心素质、仪容仪态等职业素养，从而展现出“最美”准酒店人应有的风貌，实现专业技能教学与职业素养的双线提升。因此职业院校学生要想成为一流匠人，不仅要结合行业发展实际懂得最新的职业技能标准，更要明确基本的职业道德规范，即爱岗敬业、诚实守信、办事公道、热情服务和奉献社会。

把握职业道德的内涵、恪守职业道德的规范，是大国工匠的匠心投射。作为一名优秀匠人，需要具备“执着专注、精益求精，一丝不苟、追求卓越”的工匠精神。因为“一丝不苟、执着专注”是爱岗敬业职业态度的外显，而爱岗敬业的实质也是“精益求精、追求卓越”工匠精神的延伸。同时，从业者要想做到奉献社会，为人们创造美好生活，则更加需要“执着专注、精益求精”的工匠精神，因为工匠精神是支撑高品质产品得以持续呈现的秘籍。因此，从内涵上看，职业道德与工匠精神是相互交融、相互联系的。技可用以谋生，匠才可真正传世。优秀匠人必须具有“匠心”并以自己的匠心为涵养，投注一生，修得一流的匠心，才有一流的技术。

### （三）育求进之心，践行职业道德的信念

以追求卓越来践行职业道德的信念。从业者对职业道德从认知到践行的转变，离不开追求进步的自我超越。对职业道德的认知、情感和信念的认识程度，会极大地影响从业者对工匠精神践行的深度。因此，从职业道德的认识程度出发进行多层面的分析，有助于从业者更快地成长为一名优秀匠人，也能更好地践行工匠精神。

首先，就职业道德的认知层面而言，相信绝大多数大学生对于职业道德基本规范并不陌生，但是认知职业道德的基本规范与认同它有着本质区别。工匠精神所凸显、倡导的“职—德”关系是以德求职、以德导职、以德长技、以德驭技，道德自始至终贯穿于从业者的职业生涯。这就需要从业者从认知上升到认同，这样才能真正将职业道德内化于心、外化于行。其次，就职业道德的情感层面而言，从业者认同职业道德后，对于自己的工作往往能做到爱岗敬业，这种基于岗位、职业而升华了的爱与敬的体验，把从业者的职业道德情感内化为更稳定、更深层次的职业道德情操，直接表现为职业责任感、使命感，促使从业者的职业道德行为在职业投入度、专注度、持续度方面保持较高水平，从而自然也具备了求进之心。最后，就职业道德的信念层面而言，职业道德信念是从业者对职业价值作出的判断和选择，并由此产生职业道德责任感，并在心理层面产生了践行的义务性需要。精益求精、追求卓越是工匠精神的职业价值核心取向，从业者具备职业道德的信念后，会自然衍生出职业献身意识和奉献精神，在实践中也能培育出求进之心。

以校企联动来锻造职业素养与技能。职业院校的学生要通过不断追求进步，促使职业道德从认知到认同再向践行转变，从而强化职业道德的认知、厚植职业道德的情感、坚定职业道德的信念。想要实现上述目标，需要利用好校企合作的平台，多方联动协同育人，以促进其职业道德情感、信念的确立。浙江经贸职业技术学院数控技术专业多年来坚持“三课堂联动育匠心”的人才培养模式，取得显著成效，学校多名毕业生入选“浙江工匠”“浙江省青年工匠”。这些优秀的青年学子们在真实的项目中锻炼岗位核心技能和提升职业素养，接受生产经验丰富的企业师傅的言传身教，协同开展技术难题攻坚，更早接触企业前沿技术，成长为高素质高技能人才。

## ◉案例3-1

### 以礼仪教育立德树人

中华民族素以“礼仪之邦”享誉世界，讲“礼”重“仪”是中华民族代代相传的优良传统。礼仪是一门受众广、实用性强、综合职场各领域知识内容的通识类素质教育课程，对培养文明有礼、道德高尚的人有着十分重要的意义。

近年来，浙江商业职业技术学院各学院陆续开设礼仪教育课程。所开设的礼仪教育课程从接触传统礼仪文化，到提升学生素养、树立职业价值、强化责任意识，再到升华爱国主义情怀，层层递进，引导学生深入思考，实现思想启迪和价值建构，成为真正意义上的高素质劳动者。

其中，经济管理学院各专业普遍开设了礼仪教育课程，通过课程教学，学生融洽了人际关系、加强了团队协作、顺畅了职场事务的执行，学生的商务意识、职场修养与人文素质等均大幅提升。

礼仪教育的核心元素是唤醒学生的共同美好情感，增强共情能力，提升人文精神，培养学生正确的“三观”。

浙江商业职业技术学院经济管理学院礼仪教育的教学目标融入了思想政治元素，教学模式体现了思想政治教育，教学内容彰显了思想政治功能，教学评价完善了思想政治教育。在培养学生树立正确的“三观”以及较强的社交能力的同时，从礼仪文化渊源与职业现状，从职业素养到职业梦想，讲述如何传承中华礼仪，激励学生的爱国情怀，培养学生的社会担当。汲取“礼”学文化精粹，构建以“尚礼”文化为内涵的文化教育体系。

未来，浙江商业职业技术学院经济管理学院将以更高的站位、更大的勇气、更有责任的担当，坚定不移地落实立德树人根本任务，培根铸魂、启智润心，培养一批有亲和力、协调力、包容力、责任感的劳动者。

张淑英.浙江商业职业技术学院经济管理学院：以礼仪教育立德树人[N].中国教育报，2022-05-03（4）.

## 二、以技兴业，助力行业高品质

一切劳动者，只要肯学肯干肯钻研，练就一身真本领，掌握一手好技术，就能立足岗位成长成才，就能在劳动中发现广阔的天地，在劳动中体现价值、展现风采、感受快乐。各行各业的劳动者只有不断精进技艺，凭借真刀真枪的技术技能，才能切实提升自身竞争实力，助力行业整体高质量发展，助推制造强国建设。

### （一）笃实学技，精益求精锻造品质

在现实中，不是所有的技能人员都可以被叫作良工巧匠，良工巧匠须拥有真本领，是笃实学技、精益求精的坚守者。那么，一名普通工人如何才能成长为拥有绝技绝活的良工巧匠呢？

第一，知物由学，夯实理论知识。要想成为一名良工巧匠，绝不可忽视理论知

识的作用，要善于学习理论知识，勤于思考，将操作技能与理论知识有机地结合在一起，使它们相辅相成、相互促进，才能不断提升技能水平。

第二，游刃有余，勤练操作技能。夯实理论知识，能够理论联系实际，是成为一名合格技能人员的基础，但要练就高超的技能离不开对操作技能一遍又一遍地磨炼。学习者只有通过观察、模仿、整合、熟练这四个阶段不断打磨操作技能，才能成为一名合格的技能人员，胜任相关的技能工作。

第三，持之以恒，突破瓶颈。在良工巧匠成长的道路上往往会有到了一个阶段后难以继续前行的情况。遇到这种情况，该如何突破呢？一方面，要冷静地思考问题到底出在哪里，但也不可钻牛角尖无法自拔，陷入“当局者迷”的境地。这时候向专家、师傅请教不失为一个好的办法。另一方面，突破瓶颈更离不开坚持，只要坚定信念，咬紧牙关，锲而不舍地学习，坚持不懈地拼搏，就能有效突破瓶颈，成为一名优秀工匠。

## ◎案例3-2

### 浙江有了首位“正高级”技术工人

2021年7月5日上午，绍兴柯桥水务集团排水有限公司老焊工丁卫松从网上看到省经信厅、省人力社保厅联合发布的自己获评正高级工程师的通知，喜上眉梢。丁卫松成为我省工程技术领域高技能人才与工程技术人才职业发展贯通以来，首位获评正高级职称的技术工人。

“过去，技术工人在获得高级技师后，技能等级也就到头了。如今工人也能成为工程师，这对我们技能人才来说，是极大的鼓舞！”丁卫松说，自己从事焊接工作30年，是浙江首席技师和全国技术操作能手，也是国务院政府特殊津贴获得者。凭借过硬的对带水、汽容器的切割和焊接技术，他攻克了22项技术难题，带徒传艺培养了70多名高级技师，此次破格参加正高级工程师评审，最终获得通过。

记者从省人力社保厅获悉，2020年以来，全省1036名高技能人才申报专业技术职称，555名取得工程技术领域专业技术职称，其中，正高级职称1名，副高级职称64名。

这次职称评审向全省一线技术工人释放出强烈信号——每一位凭技能、靠本事、善创新的技能人才，都有实现人生价值的机会和通道。过去，一线工人不能参加职称评审，部分高技能领军人才需要通过“破格”才能享受对应的职称待遇。近年来，浙江省不断深化职称制度改革，希望解决技能人才职业发展的“独木桥”“天花板”问题。

早在2018年，浙江就专门出台《关于高水平打造高技能人才队伍的意见》，推进高技能人才与专业技术人才的融通，鼓励符合条件的技能人才申报参加助理工程师、工程师、高级工程师的评审或考试。2019年8月，省经信厅、省人力社保厅联合制定下发了浙江省机电制造工程正高级工程师职务任职资格评价条件，不唯学历、不唯论文、不唯奖项，像丁卫松这样长期在生产一线工作，具有高超技艺技能和取得突出业绩的人才，也可以通过标志性业绩申报。

"浙江制造走向浙江智造，高技能人才是基础和依托。新的评价条件更多关注我省产业发展对人才的需求，致力于提高人才与产业链的结合度。"组织评审的省经信厅相关负责人表示，职称评审真正打通了高技能人才与专业技术人才职业发展通道，有利于培养更多高质量的复合型技术技能人才。

夏丹，蒋欣如．浙江有了首位"正高级"技术工人[N]．浙江日报，2021-07-06（5）．

### （二）敬业崇技，劳模精神砥砺品质

技能人才在各自的工作岗位上辛勤劳动、创造不凡业绩，理应得到充分肯定和庄重褒奖，以表达国家态度，引导社会风尚。"劳动模范"这一光荣称号的提出及其制度化，在这个方面起到了巨大的促进作用。而劳动模范之所以能在自己的领域中有优异的表现，正是因为他们都是有精神的人。劳模的构成随时代变化，劳模精神则历久弥新。"爱岗敬业、争创一流，艰苦奋斗、勇于创新，淡泊名利、甘于奉献"构成了劳模精神的丰富内涵，也是成为劳模的必备条件。

"爱岗敬业、争创一流"反映出劳动者的工作态度。劳动有分工，工作有轻重，但无论什么岗位都对应社会基础需求，有其存在的必要性。只有正确对待劳动，干一行，爱一行，保持认真负责的态度，才能在平凡的岗位上做出不平凡的业绩。事实上，每一位劳模都是在平凡岗位上勤勤恳恳、兢兢业业，做出非凡业绩的劳动者。

"艰苦奋斗、勇于创新"反映了劳动者的意志品质。劳动犹如物理学中的做功，总要克服各种阻力，不可能轻松安逸。当前，国家正处于新发展阶段，劳动者更需要以顽强的意志迎难而上，想方设法，克服艰难险阻。"时代楷模"理当展现百折不挠、锐意创新的"精气神"。

"淡泊名利、甘于奉献"反映了劳动者的道德境界。劳动者以劳动谋生，天经地义，但如果仅仅停留在这个层面，完全从物质报酬或社会名声的角度来看待劳动，"拿一份钱，出一份力"，就不足以完全展示劳动者作为国家建设者、历史创造者的崇高定位。事实上，许多劳动模范都置个人得失于不顾，放弃眼前利益，在岗位上做出了远超自己工资收入和社会期待的业绩，奉献于国家发展、科技创新和社会进步。

职业院校的学生是未来的职业人，身处大有可为的历史新时代，要弘扬劳模精神，努力通过辛勤劳动、创新探索，以建功立业，报效祖国，造福社会，成就自己。将来，无论从事什么职业，在什么岗位工作，都要坚信只要努力奋斗、刻苦勤奋，终会劳有所得，都可以在平凡中创造伟大成绩，都有可能成为劳模行列中的一员。

## 案例3-3

### 怀抱梦想又脚踏实地　敢想敢为又善作善成

“刚参加工作时，需要挨家挨户手工抄电表”；后来有了智能电表，“在办公室就能看到数据”；如今，“在手机上就可以随时随地看到用电量变化”。在谈到非凡十年的成就时，85后国网浙江杭州供电公司职工、党的二十大代表徐川子以小小电表为例，展示新时代十年的伟大变革。亲身经历、亲眼见证了历史巨变，让她坚定信心，要在新时代新征程上实干担当，带动更多青年拼搏进取。

青年强，则国家强。新时代这十年，从脱贫攻坚主战场到抗击疫情第一线，从科技攻关最前沿到社会服务各领域，处处都有青年的身影，处处都有青春的担当。“我们的征途是星辰大海”，这是年轻的航天人抒发的豪情壮志；“请党放心，强国有我”，这是年轻的学子立下的铿锵誓言；“清澈的爱，只为中国”，这是年轻的边防战士对祖国的深情告白……在新时代的征途中，广大青年用臂膀扛起如山的责任，展现出青春激昂的风采，展现出中华民族的希望。他们用行动证明，新时代的中国青年是好样的，是堪当大任的！

习近平总书记在党的二十大报告中寄语广大青年，“怀抱梦想又脚踏实地，敢想敢为又善作善成”。当代中国青年生逢其时，施展才干的舞台无比广阔，实现梦想的前景无比光明。立志做有理想、敢担当、能吃苦、肯奋斗的新时代好青年，勇立潮头、奋勇搏击，青年一代必将收获更有高度、更有境界、更有品位的人生，必能让青春绽放更为绚丽的光芒。

刘学.怀抱梦想又脚踏实地 敢想敢为又善作善成（今日谈）[N].人民日报，2022-10-22（1）.

### （三）强术精技，大匠至心升华品质

大匠，是全社会对某些在技艺上造诣极高的人的一种尊称。行业中的大匠，秉持执着专注、精益求精、一丝不苟和追求卓越的精神，不懈努力与奋斗，成为各行各业提质升级的助力者。

第一，大匠提升业内整体标准，是高质量发展的题中应有之义。中国已经成为世界第二大经济体，消费者要吃得饱，更要吃得好、吃得健康；要有得用，更要用得好、用得安全。可以说，国民消费能力与日俱增，对产品质量的要求也不断提高。技艺精湛的匠人们，根据不断升级的消费需求精心打磨产品，塑造产品的专业品位和专业价值，在推动企业转型升级、提升产品质量、打造知名品牌等方面将发挥重要作用，并能够有效提高中高端产品供给质量，满足国内对高质量产品的需求。

第二，行业大匠推动供给侧结构性改革的深化，促进我国的高质量发展。我国经济已由高速增长阶段转向高质量发展阶段，正处在转变发展方式、优化经济结构、转换增长动能的攻关期。技术创新对经济增长的作用日益显著。大匠们在技术传承的基础上不断创新和进步，是“干中学”的精神体现。这些不断追求、永不满足的创新精神能够持续催生新的技术和新的产品，将直接推动技术升级、质量升级，进而激活创新动力，促进高质量发展。

第三，大匠助力中国迈向全球价值链的中高端，助力制造强国的建设。在经济全球化背景下，全球价值链分工已经成为国际分工的重要形式。改革开放以来，我国的工业品凭借价格优势等因素在全球制造业市场上的占比逐渐提升，积极融入全球价值链分工体系。然而，与经济高速增长形成对照的是，我国产品的质量水平整体上还不高，在全球价值链分工体系中仍处于中低端。我国急需优秀的高级人才来促进高质量产品的创新与拓展，以精益求精、追求卓越的品质引领高端制造和现代服务业的发展，引领企业精致化生产和精细化管理，进而推动我国产业在全球价值链分工体系中迈向中高端，助力我国从制造大国转变为制造强国。

## 三、以业报国，引领高质量发展

实现高质量发展，离不开产业发展。实现产业转型升级、构建现代产业体系既是高质量发展的必然要求，也是产业报国的实然之举。以业报国主要是指通过产业转型升级，实现产业提质增效，壮大实体经济，夯实现代经济发展基础，进而推动经济高质量发展。而产业结构调整和转型发展离不开高素质技能型人才队伍；高素质技能型人才队伍的培育则需要用匠心唤醒初心，以培养心怀国之大者的时代工匠。

### （一）实施产业报国，夯实高质量发展的基石

新兴产业是经济高质量发展的重要引擎。党的十八大以来，我国战略性新兴产业发展迅速，规模不断扩大，增速持续提升。从规模看，2021年我国战略性新兴产

业增加值占GDP比重为13.4%，比2020年提高1.7个百分点，高技术制造业、装备制造业增加值占规模以上工业增加值比重分别从2012年的9.4%和28.0%，提高到2021年的15.1%和32.4%。从增速看，2016年以来，我国战略性新兴产业增加值增速始终高于全部工业增加值增速，多个细分领域保持两位数增长。例如，2022年战略性新兴服务业企业营业收入比上年增长4.8%；全年新能源汽车产量为700.3万辆，比上年增长90.5%。2020年9月，国家发展改革委、科技部、工业和信息化部、财政部等四部委联合印发了《关于扩大战略性新兴产业投资培育壮大新增长点增长极的指导意见》（以下简称《指导意见》）。《指导意见》指出，应着力培育壮大新增长点增长极。当前新一轮科技革命和产业变革正在孕育发展，要抓住产业转型赋予的机遇，不断加强关键核心技术攻关，推动产业数字化智能化转型，助力新兴产业提质增效，从而引领经济高质量发展。党的二十大报告提出战略性新兴产业新的发展目标，推动战略性新兴产业融合集群发展，构建新一代信息技术、人工智能、生物技术、新能源、新材料、高端装备、绿色环保等一批新的增长引擎。

浙江立足打造人才培养新模式，在产业转型和产业强省发展中走在前列。为了推进浙江制造业的高质量发展，浙江各地市纷纷探索人才培养的新模式，以期培养更多优秀人才，深化质量强省、标准强省、品牌强省建设，一体打造名品名企名产业名产地，从而打响“浙江制造”的品牌，推进浙江高质量发展，助力共同富裕示范区建设。

### （二）心怀国之大者，培育高素质技术技能型人才队伍

党的二十大报告强调，就业是最基本的民生。要强化就业优先政策，健全就业促进机制，促进高质量充分就业。而关注国计民生、关心人民最需要的就是心怀“国之大者”。随着经济结构的不断调整和产业的转型升级，就业岗位对劳动力素质的要求不断提高，满足新型岗位需要的高素质、技能型人才明显不足，这就需要加快培育高素质技能型人才队伍。

世界技能大赛是培育高素质技能型人才队伍的有效抓手。随着时代的进步和产业的转型升级，高素质技能型人才队伍建设不能闭门造车，必须选取优秀技术技能型人才代表国家参加世界技能大赛，掌握前沿的技术标准、行业需求和发展趋势。首届全国职业技能大赛举办后，大赛组委会对学生获奖选手的就业情况进行了专题跟踪，发现他们不仅场上争金夺银、技艺高超，场下更是“热门”“抢手”，真正实现了就业岗位好、待遇好、发展好。中国劳动和社会保障科学研究院院长莫荣表示，相对于人们已经熟知的资金密集型产业、技术密集型产业等，技能密集型产业更侧重于对劳动者

供给端提出要求，是服务中国经济社会高质量发展和产业转型升级的需要。

恪守匠心信念是心怀“国之大者”的现代工匠实现产业报国的关键所在。纵观中国近百年来的发展历史可以发现：时代召唤青年，青年创造时代。站在历史的新节点，实现技能强国、制造强省的目标，需要一大批有使命担当的技术技能型人才，而青年学子永远是其后备军、生力军和主力军。为了出色完成党和国家赋予的时代使命，青年学子必须以匠心信念为引领，激活精雕细琢的耐心、潜心研究的恒心、永不止步的决心。只有将细心、决心、痴心、恒心等凝聚起来，方能得到一颗不忘初心、牢记使命的匠心。匠心初心是工匠精神的第一要素，更是培育高素质技术技能型人才队伍的关键。浙江职业院校学子要自觉心怀“国之大者”，践行匠心初心，着力加强自身知识技能的综合实力建设，使弘扬工匠精神、培育匠心成为锻造高素质技术技能型人才队伍的主要推动力。

## 拓展

### 浙江推出高素质青年人才培养二十条措施（节选）

浙江省委人才办、团省委联合下发《关于建设新时代高素质浙江青年人才队伍，助力打造高水平创新型省份的二十项举措》，重点加大优秀青年人才推荐力度和推进新兴领域青年英才培育等工作。

浙江省依托浙江大学、西湖大学、之江实验室、清华长三角研究院、阿里达摩院等重点平台，重点培养一批有发展潜力的青年科学家和科技领军人才，到2025年引进培育150个符合浙江科技和产业发展导向的领军型创业团队和1000名优秀青年科技人才。

同时，大力弘扬新时代浙商精神，关注中小微企业人才培养，办好“红色传承班”“创新转型班”“青年数字经济云栖班”等专题培训，培育一大批“有力量、有闯劲、有传承、有口碑”的新生代企业家和青年创客。

作为经济发达省份，浙江将实施新时代青年工匠锻造工程，推进“校企协同、工学结合”培育模式创新，深化现代学徒制试点，全面推行企业新型学徒制，依托省级技能大师工作室、职业院校等开展传帮带实训，深化“青年工匠”“金蓝领”等人才培育，落实终身职业技术培训制度，不断完善技能人才评价体系。到2025年，全省力争实现高技能人才占技能人才的比例达到35%以上。

李剑平．浙江推出高素质青年人才培养二十条措施[EB/OL]．中青在线网，2020-08-27. http://news.cyol.com/situo/2020-08/27/content_18753715.htm.

## ◉ 案例3-4

### 浙江工业职业技术学院：全力打造全国智慧建造人才培养创新联盟

2022年6月27日上午，由浙江工业职业技术学院发起并承办的全国智慧建造人才培养创新联盟成立大会在绍兴成功举办。来自全国各高校、中职学校土建类专业的院系领导、学科专业负责人、教师，土建相关企业的领导和技术人员共140余人齐聚一堂，共商智慧建造人才培养创新。

绍兴市委常委、副市长王涛在致辞中对联盟成立大会的召开表示诚挚的祝贺，并指出联盟的成立是对绍兴智慧建造相关工作的肯定和鼓励，旨在推动建筑业数智方向技术升级，以数字化智能化为载体，培养数字建筑新人，推动传统建筑业转型升级，助力城市品质提升；希望通过努力将联盟打造成为一个高规格、永久性的交流合作平台，不断探索智慧建造领域人才培养新途径，持续提升校企合作的层次和水平，全力推进全国智慧建造行业高质量发展，更好服务城市建设，为提升“中国建造”核心竞争力作出更大贡献！

据悉，联盟是以学校、企业为主体的开放性、非营利性组织，旨在加速传统建筑向装配式建筑与建筑智能化、产业化方向转变，提升建筑行业工业化、智能化水平，带动和引领建筑产业发展方向，助力全国建筑业智慧建造发展。目前联盟已有全国各地140家单位加入，囊括了全国住建领域各类高等院校、中职学校、科研院所、行业学（协）会、企业机构等单位，其中包括本科院校9家、高职院校59家、中职学校4家、出版社3家、建设行业相关企业65家。联盟将致力于为施工技术进步和人才培养搭建平台，以推进建筑业数智方向技术升级为己任，探索智慧建造领域人才培养新途径，深化产教融合、校企合作，进一步提升土建人才培养质量。

陈荣荣.浙江工业职业技术学院：全力打造全国智慧建造人才培养创新联盟[EB/OL].中国教育在线，2022-06-28. https://rmt.eol.cn/2022/06/28/9917280.html.

# 第二节　立德强技　练就匠心技艺

从“制造大国”迈向“制造强国”，既需要研发人员创造性地研发市场需要的产品，也需要技能人才创造性地解决生产现场的难题。作为新时代的青年，要有“技能强国，创新有我”的担当，要适应新时代，练就新技能；要有初生牛犊不怕虎的劲头，苦练匠技，做到精工至善、匠心铸魂，让青春年华在为国家、为人民的奉献中焕发出亮丽光彩。

## 一、以德导技，德技并修求致远

人无德不立，业无技不成。“德”是学生健全发展的强大基石，“技”是学生胜任工作的硬核本领，而兴趣是学习技术技能最好的老师。因为热爱，所以“心心在一艺”“心心在一职”，尽心竭力、全身心地投入，乐业实干，敬业专一，修业持正，不断锤炼自己的技术技能水平，练就硬核的本领，最终成就精彩人生。

### （一）乐业其中，脚踏实地

乐业是一种境界。在工匠的世界里，工作不是“做什么事”和“拿多少钱”的问题，而反映了对待技术技能的态度。他们以工作为乐、以付出为乐、以奉献为乐，时刻保持对工作的热情和激情，刻苦钻研技术技能，以饱满的精神状态投入工作，坚持上一线磨砺锻炼，练就一身真本领，最终成为本岗位的“行家里手”。正如中国十五冶三公司高级技师王涛说的：“要扎根岗位，心怀感恩，因为未知的领域还很多，对技艺的追求本身就是一种快乐。”

乐业是精技的前提。工匠之所以能拥有精湛的技艺，就在于他们能发自内心地喜欢自己的职业，具有爱岗敬业的职业道德精神，对所从事的职业具有强烈的认同感，对工作有激情，并能将激情变为一种职业习惯，能够正确对待工作中的困难和艰苦，同时能脚踏实地地勤学苦干，在把自己的工作做好、做优的同时，逐渐找到其中的乐趣，即达到了乐业。反之，如果对一项技能不喜欢甚至厌倦，就不可能会干好、干精。所以，喜欢或者热爱，是让他们坚持下去和不断深入的动力源泉。纪录片《大国工匠》讲述的大部分工匠都有一个共同的特点，就是非常乐业。

#### 拓展

**敬业乐业为美德**

敬业是一种美德，乐业是一种境界。朱熹说：“敬业者，专心致志以事其业也。”对待本职工作，应常怀敬畏之心，专心、守职、尽责，干一行、爱一行、钻一行，尽心竭力、全身心地投入。要精其术，不拘泥于以往的经验，不照搬别人的做法，力求做得更好，成为本行业的行家里手。人生不满百年，做的也就是那么些事。做一件事情，干一项工作，应该创造一流，力争优秀。要竭其力，对待事业要有愚公移山的意志，有老黄牛吃苦耐劳的精神，着眼于大局，立足于小事，真抓实干，务求实效，努力在平凡的岗位上做出不平凡的业绩。要乐其业，对工作有热情、激情，始终保持良好的精神状态，把承受挫折、克服困难当作是对自己人生的挑战和考验，在克服困难、解决问题中提升能力和水平，在履行职责中实现自身的价值，在对事业的执着追求中享受工作带来的愉悦和乐趣。

习近平.之江新语[M].杭州：浙江人民出版社，2007：177.

### （二）敬业专一，恪尽职守

敬业是一种美德。敬业是对待生产劳动和人类生存的一种根本价值态度。不同时期所体现的敬业内涵有所不同，我国古代主要指“技术精湛、敬业专一”。新时代所倡导的敬业，主要包括尊重劳动、尊重知识、尊重人才、尊重创造，热爱和认同自己的职业和工作，珍惜和爱护他人的劳动成果；有全身心投入的敬业态度和精益求精的工匠精神，保持和发扬为民服务的孺子牛精神、创新发展的拓荒牛精神、艰苦奋斗的老黄牛精神；视职业、劳动、创造、贡献为公民的社会责任和义务，视劳动为实现个人理想和个人价值的基本途径。

敬业是练佳技的关键。要想成为行家里手，就不能“当一天和尚撞一天钟”，不能有得过且过、凑合应付的思想。只有沉下心来练技能，心无旁骛钻技术，才能练就一身真本领，掌握一手好技术，解决生产中的各种技术难题，在平凡岗位上干出不平凡的业绩。劳动者无论从事什么劳动，都要干一行、爱一行、钻一行、精一行。只有恪尽职守、爱岗敬业，才会全力以赴，自发高标准、高质量地完成工作，进而衍生出不畏艰难、勇于进取的精神，从而化压力为动力、变挑战为机遇，绘就人生最美好的画卷。

### （三）修业持正，导师引领

修业是一种精神。即在教师和师傅的指导下，明白练技和做人的道理，志于学，专于学，厚于学，达到“道技合一”的境界。在修业的过程中，导师是关键。导师制起源于英国牛津大学，其核心思想是强调专业指导和德智并重。近年来，高职院校尝试实施导师制，主要是指现代学徒制中的双导师制度。教育部办公厅在《关于全面推进现代学徒制工作的通知》（教职成厅函〔2019〕12号）中指出，“推广学校教师和企业师傅共同承担教育教学任务的双导师制度，校企分别设立兼职教师岗位和学徒指导岗位，完善双导师选拔、培养、考核、激励等办法，加大学校与企业之间人员互聘共用、双向挂职锻炼、横向联合技术研发和专业建设的力度，打造专兼结合的双导师团队”。其中，学校教师以学校教研室为单位，主要对学生进行专业基础和实践能力的培养，以提高学生的综合素养。企业师傅以企业实训场为单位，主要指导学生进行专业技能训练，进一步提高学生的实践操作能力。

修业是通绝技的天梯。修业其实就是不断学习知识、钻研技艺的过程，从而达到“道技合一”的境界。在古代，庖丁解牛、匠石运斧、老汉粘蝉等生动事例都展示了古代匠人鬼斧神工的技艺。新时代，随着现代工业社会的发展，技艺已经从手工作坊向机械生产再向数智化技术转变，传统工匠并不是消失了，而是转变成了新的面貌——以现代工业领域里机械工匠和数智工匠等新型工匠的形象出现。这些工匠们在练绝技的过程中散发的内在品格，不论是执着专注，还是精益求精，抑或是追求卓越，都是职业道德的完美展现，是劳模精神的生动体现。因此，作为青年学子，更加需要扎实学习专业技术，反复磨炼技能、钻研技艺，从而练就一手绝活绝技。

## ◉ 案例3-5

### 陆月林：一生只做一件事

因为热爱，一生只做一件事，用真情挚爱呵护生命，投身护理事业80余年。1947年，陆月林任教于金华福音高级护士职业学校（金华职业技术学院医学院的前身），那时候人手紧缺，她在上课之余还要到医院上班。在此期间，她把曾工作过的针灸科、骨科的医疗技术学了个遍。为了感受实际体验，她多次在自己身上试针。为了让大家体验静脉注射时的真切感受，她常常伸出自己的手臂让学生们大胆试针。退休后，她承诺：“每年照顾一位偏瘫孤寡的老人家。”在92岁高龄时，她仍坚持在学校完成繁忙的工作后赶往偏瘫孤寡老人家中，为老人擦身、换药、清洗、按摩。为了让更多病患站起来，她组织成立了一个志愿服务组，先后为60多名偏瘫患者进行康复治疗，她还自费印刷保健手册送给患者及其家属。数十年来，每逢双休日她便带着志愿者们去福利院，言传身教如何护理老人和孩子，帮老人洗脚、剪指甲、洗头、洗衣……每年的除夕夜、大年初一，她也必定是在福利院度过的。直至97岁高龄她还到学校指导护理专业发展，督导青年教师的教学工作。她用一点一滴的爱践行她的诺言，用无私奉献的精神感染着一代代护理学子、鼓舞着一代代护理教师。这种持之以恒的奉献情怀，值得我们所有人学习。只有热爱、忘我、坚持不懈，才能在一个行业做出一番成绩。完成伟大的事业不在于体力，而在于坚韧不拔的毅力。她正是用自己的坚持，在平凡中造就了伟大。

顾春. 用真情挚爱呵护生命[N]. 人民日报，2020-06-16（6）.

## 二、以勤练技，勤学苦练求精进

学习是立身做人的永恒主题，也是报国为民的重要基础。只有在勤奋学习中不断感悟人生、提升境界，才能使自己变得更加充实、更加睿智。对一名匠人来说，只有秉持勤学笃行的态度、勤以精技的信念、勤勉有恒的毅力，才能练就一身绝技，更好地在岗位上发光发热。

### （一）勤学笃行，夯基筑本

勤奋是掌握一切绝技的源头，是日后成功道路上的基石。一个人在一个行业里要想取得卓越的成绩，环境、机遇、条件等外在因素固然重要，但更重要的是其自身内在的勤奋与努力。“业精于勤，荒于嬉”出自韩愈的《进学解》，意思是说学业因勤奋而精进，因嬉戏散漫而荒废。涓滴之水终可磨损大石，不是由于它力量大，而是由于它昼夜不舍的滴坠。

只有勤奋不懈地努力才能够获得精深的业技。当代职业院校的学子要想成为一名优秀匠人，如何做到勤学笃行呢？首先，要勤奋，下得苦功夫，求得真学问。随着社会的不断进步，很多高精尖操作技能需要的不仅是熟能生巧，还需要有扎实的理论基础。要勤于学习、敏于求知，注重把所学知识和理论内化于心，形成自己的见解。其次，要深思，淡泊名利，坚守正道。匠人成长的路上一定会经历日复一日枯燥的练习和寂寞的时光。年轻人受年龄、阅历的限制，三观尚待定型，面对纷繁复杂的社会，很容易受到诱惑甚至迷失方向。此时需要多一些思考，眼光放长远一些，格局放大一点，端正从业心态，耐得住寂寞，从而坚守正道。最后，要笃实，坚持到底，梦想才可以变为现实。扎扎实实学技，踏踏实实做人，于实处用力，在知行合一上下功夫，把匠人的使命和担当内化为精神追求，外化为自觉行动，才能在任何时候都不懈怠；把艰苦环境作为磨炼自己的机遇，把小事当作大事干，一步一个脚印往前走，才能到达自己的目的地。

### （二）勤以精技，砥砺知行

成为一名优秀匠人，不仅需要勤学笃行，更加需要深入钻研，不断培育自身精湛的技艺和高超的技术技能水平。2022年4月27日，习近平总书记致信祝贺首届大国工匠创新交流大会举办并强调：“要大力弘扬劳模精神、劳动精神、工匠精神，适应当今世界科技革命和产业变革的需要，勤学苦练、深入钻研，勇于创新、敢为人先，不断提高技术技能水平，为推动高质量发展、实施制造强国战略、全面建设社会主义现代化国家贡献智慧和力量。”①

每一位大国工匠的背后都有自我超越的过程，他们都是从简单的小事做起，不断追求卓越。那么作为新时代的技能人才，如何做到不断提升技能水平、拥有精湛的技术呢？需要做到以下三个方面：一是执着专注，这是精于技术的前提。要在自己擅长的领域有所建树，首先要有热爱与专注，要有一种坚守与坚持，持续用力，久久为功。二是精益求精，这是精于技术的核心。一山更比一山高，没有最好，只有更好。中国之所以能够从一个基础薄弱、工业水平落后的国家转变为世界制造大国，关键就在于一代代劳动者精于技术、精益求精。小到一枚螺丝钉，大到航母、高铁等大国重器的制造，既有千千万万工匠笃实专注、严谨执着的匠心，更有精益求精的动力激发和自我鞭策。三是一丝不苟，这是精于技术的保障。“天下难事，必作于易；天下大事，必作于细。”在开启全面建设社会主义现代化国家新征程中，我们要更加注重细节、专注细节，不能有一丝一毫的马虎大意。

### （三）勤勉有恒，行稳致远

要想在某一行业取得卓越的成绩，最难能可贵的就是持之以恒，善始善终，坚持到底。2021年6月29日，在庆祝中国共产党成立100周年“七一勋章”颁授仪式上，习近平总书记亲自向工匠精神的杰出代表、在焊工岗位奉献50多年的湖南华菱湘潭钢铁有限公司焊接顾问艾爱国颁授勋章。

匠人匠心，贵在恒心。“若有恒，何必三更眠五更起；最无益，莫过一日曝十日寒。”在现实中，有许多优秀工匠短则十几年、长则几十年专注于一项技艺或一个岗位，经过持续不断的磨炼，才最终获得卓越的成就；也有一部分年轻人在通往成功的路上耐不住寂寞、稳不住心神，最终半途而废，一事无成。要成为一名勤勉有恒的优秀匠人，一方面，要有持之以恒的韧劲。事业千古，非一朝一夕之功，只有经得住困难，受得住挫折，忍得住痛苦，顶得住诱惑，执着地坚持下去，才能取得骄人的成绩。另一方面，要有至臻至善的坚持。要始终秉承“如切如磋、如琢如磨”的工匠精神，注重细微之处，追求精确完美。作为青年学子，无论今后从事什么行业，若都能做到执着专注于自己的工作，精益求精、持之以恒，我们的社会就会涌现出越来越多的类似检测手感精确度堪比X射线、能把密封精度控制在头发丝的五十

---

① 勤学苦练深入钻研勇于创新敢为人先 为推动高质量发展实施制造强国战略贡献智慧和力量[N].人民日报，2022-04-28（1）.

分之一、能在牛皮纸薄的钢板上焊接而不出现一丝漏点的能工巧匠，创造出一个个中国神话，登顶一座座高峰。

## ◎ 案例3-6

### 车间走出“大国工匠”

他从一名普通装调工人做起，逐渐成长为吉利汽车路桥公司总工程师，如今已是吉利汽车集团浙江福林国润汽车零部件有限公司总经理助理。

他先后取得了60多项创新成果，其中包含多项国家专利。他获得过全国五一劳动奖章、全国劳动模范、全国技术能手等许多荣誉。

他就是吕义聪，一个把平凡做到极致的台州工匠。

由于家庭变故，吕义聪在高二那年被迫放弃考大学，从老家安徽滁州出发，投奔远嫁台州的姑姑。他在一家汽车修理厂当学徒，两年后入职吉利集团。

因为深知自己没有技术优势，吕义聪付出了比其他同事多几倍的努力。他不厌其烦地请教师傅，与同事比技能，把故障车拆散，把怀疑件换个遍。他买了专业书，把线路图纸、整车电气原理图贴满床头。

勤能补拙，通过长时间的拆装维修，吕义聪不仅收获了丰富的汽车理论知识和操作经验，还能单凭耳朵就准确辨别40多种故障声音。

2012年，台州市为“吕义聪技能大师工作室”命名挂牌。第二年，工作室被评为省级技能大师工作室。2013年，吕义聪成为一名共产党员，并荣获“中国青年五四奖章”，受到了习近平总书记的亲切接见。2015年9月，“吕义聪技能大师工作室”成为国家级技能大师工作室，这也是台州首家获此称号的工作室。吕义聪也成为吉利青年的榜样，在集团团委的“分享90”和“吉利大讲堂”等活动中，多次为青年技工分享自己的成长故事。很多新来的工人告诉他，就是看到了他的经历，才决定要来吉利的。

“这里就是支撑我梦想落地的地方，也让我逐步成长。”吕义聪说，他希望自己的成长经历能帮助更多人，让中国自主生产的品牌汽车享誉全世界。

谷尚辉. 吕义聪：车间走出“大国工匠”[N]. 台州日报，2021-07-01（4）.

## 三、以新创技，创新突破求卓绝

技术技能的发展，传承是本，创新是魂。传承是创新的基础，创新是传承的延续，新时代的工匠延续着历史，更创造着历史，他们因时而谋、应时而动、顺势而为，在传承中汲取技术创新的养分，在创新中开辟“中国智造”的新局。

### （一）技艺传承，守正笃行

在古代，最典型的技艺传承方式是艺徒制。自古以来，我国出现过许多鬼斧神工的匠人，通过一代又一代的传承，许多珍贵的技艺得以流传。传承的内涵和形式，是有古今之别的。传统学徒制，也就是我们所说的艺徒制，是中国古代职业教育中保持时间最长的一种教育形式。中国古代艺徒制是学徒边从事劳动边接受师傅关于操作技艺教育的一种教育形式。艺徒制的载体主要有两种——官营手工作坊和私营手工作坊。艺徒制作为中国古代职业教育中最为典型的教育形式，贯穿了整个中国古代职业教育的历史进程，极大地提高了我国职业技术的传授水平。

新时代技艺的传承则以现代学徒制展现出来。现代学徒制是传统学徒制与学校职业教育相结合的产物，与工匠精神有着一脉相承的历史。当前它已成为我国职业教育人才培养模式改革的一种趋势。现代学徒制继承了传统学徒制的基因，摒弃了传统学徒制的弊端，又在教学模式上有所改变，不再采取单一的授课方式，而是可依托职业教育技能名师工作室等载体，通过带徒传技更好地传承创新技术技能。例如，金华职业技术学院在多年的实践中摸索出了“一对多”现代学徒制运行机制，通过校企共建现代学徒制实施平台，组建学校导师与企业师傅“双导师”指导团队，实现校企资源共享，实行预约招工，师徒结对，推行学校、企业双线管理，达成“用中学、学中研、研中创”的培养成效，产出“懂理论又懂生产”的复合型人才。

传承首先是要扎好根。扎根的过程也是工艺经验高度凝练和总结的过程。技艺传承、经验升华在相当长的历史时期里，主要表现为操作经验的积累。所谓操作经验即个人在劳动实践中，发现某种规律性的东西，经过简单总结，上升为理性认识，通常只在一定范围内具有可重复的有效性。善于总结是劳动者的重要素质，是提高技艺的有效方法，也是工匠精神的基本要点。通过对成功经验和失败教训的总结，促使技能趋于纯熟，经验趋于精粹，知识和技能两个方面同时提升。

传承更是要传好魂。传魂的过程也是工匠文化发展进化的过程。传承好工匠文化，需要新时代匠人秉承真诚热爱的品性，对所从事的工作有发自内心的真诚和热爱，形成“愿为、能为、善为、乐为”的良性循环；需要新时代匠人守持认真执着的态度，对产品充满敬畏和感恩，执着追求、慎终如始，唯有如此才能打造出令人叹服的产品；需要新时代匠人遵循持续改进的路径和事物的发展变化规律，唯有方向正确、不断改进，才能久久为功、日臻完善；需要新时代匠人追求精益卓越的目标，秉持“事物没有最好，只有更好”的理念，不断更新，守正笃行，运用新知继续改造世界，从而实现从合格到优秀、从优秀到卓越的不断跨越。

## 拓展

### 《中国职业教育发展白皮书》发布

2022年8月20日，教育部发布《中国职业教育发展白皮书》。白皮书指出，近十年来，中国政府各类政策均把校企合作作为重要内容，支持职业学校与企业开展订单班、现代学徒制、产业学院、集团化办学等多种合作。截至2021年，全国共组建了约1500个职教集团，吸引3万多家企业参与，覆盖近70%的职业学校。培育3000多家产教融合型企业、试点建设21个产教融合型城市，给予产教融合型企业金融、财政、土地等支持，享受教育费附加、地方教育附加减免及其他税费优惠。职业学校与企业共建实习实训基地2.49万个，年均增长8.6%。“十三五”期间，我国分三批在全国布局了558个现代学徒制试点，覆盖职业学校501所、1000多个专业点，惠及10万余名学生；先后在22个省启动企业新型学徒制试点工作，试点企业158家，培养新型学徒制企业职工近2万人，其中转岗职工超过3670人。

### （二）技能创新，追求卓越

新时代，创新的重要性日益凸显。在2020年9月召开的科学家座谈会上，习近平总书记强调：“现在，我国经济社会发展和民生改善比过去任何时候都更加需要科学技术解决方案，都更加需要增强创新这个第一动力。”[①]技术技能的创新需要注重执着与专注，但这并不意味着墨守成规，而是强调持续推陈出新。这就需要新时代工匠具备创造性思维。创造性思维是指有主动性和创见性的思维，通过创造性思维，不仅可以揭示客观事物的本质和规律，而且能在此基础上产生新颖的、独特的、有社会意义的思想成果，开拓人类知识的新领域。我们也可以这么理解，人们常提“量变到质

① 习近平.在科学家座谈会上的讲话[N].人民日报，2020-09-12（2）.

变”，这个“量”就是系统性和条理性互相联系的多种理论知识和技术技能在大脑中的积累；而“质”就是因知识、技术联系和碰撞的加剧而产生的新的理论知识和技艺。从广泛意义上看，技术技能的创新是某种产品、服务的创新，但从时代的发展、社会的进步角度看，技术技能的创新往往能带动某一个行业的更新换代。

技术技能的创新需要习得和掌握多方面能力，这些能力主要体现为学习能力、分析能力、想象能力和批判能力。首先，掌握过硬的技能本领，是成为优秀工匠的基本功底。人非生而知之者，孰能无惑？学习是个人获得能量的首要途径，工匠的学习能力不仅限于掌握基础理论知识，还包括具备技术技能、创新思维等，杰出的工匠都是在学习中成长、在磨炼中升华的。其次，只有彻底究明一事一物，才能抓住其中核心，理解事物的本质。借助分析能力，可以由表到里、由浅入深、由难到易、由繁到简地认清知识和技能的本质，搞清楚每个局部的性质、局部之间的相互关系及局部与整体的联系，为技术技能的创新打下基础。再次，身处创新时代的工匠，只有拥有无尽的想象力，才能不断创造新成绩。现代工匠从经验中走来，在创新中成长，想象的能力是一种工具，能够催生创新、创造的力量，诞生更多的新成果。最后，优秀的高技能人才，不仅要不畏辛劳地勤奋苦练，还要勤于思考、学会辨别与批判，永远追求卓越，不断创造新的技术技能。创新是一门技术活，也是一门风险活，正确的思路和方法往往会带来事半功倍的效果，只有适时地用批判的眼光看待问题，与时代同步乃至超前思考，才能在创新的征程上少走弯路。

## 案例3-7

### 草根专家 最美工匠

他是扎根高速公路行业20余年的一名普通设备管理员。他锲而不舍，永不言败，从实践中总结经验，实现技师梦想；他开拓创新，潜心研究，带领技术团队用科技服务基层一线；他身先士卒，无私奉献，在工作中冲锋在前的故事不断上演。他就是“最美浙江人·最美工匠”、省级技能大师工作室领办人——戴自刚，同事们都亲切地称呼他“戴师傅”。

**技术革新领先锋**

“采用这种方式清洗车道不仅效果不佳，还会弄得工作人员满身水渍，得请戴师傅帮我们想个好办法！”“清障车夜间停靠在硬路肩存在很大安全隐患，回头得和戴师傅一起探讨一下，看看能否找到最佳解决方案。”……每当路上作业遇到难题，同事们首先想到的便是戴自刚，于是“车道清洗车改装”“清障车辆预警装置改装”等技改创新项目诞生了。据悉，由戴自刚主创的“移动式遥控警示桩”和“警示桩报警系统”先后于2017年和2019年获得国家实用新型专利，而“清障车辆预警装置改装”项目也获得了浙江交投2018年度“十佳金点子”的荣誉。如今，这3个创新项目均被应用于浙江高速公路养护施工、清障施救、路上巡查等工作中，守护着司乘与工作人员的生命财产安全。

2016年，以“技术改革创新、技能推广传承、专业人才培育”为核心内容的技能人才“孵化基地”——戴自刚技能大师工作室——在浙江沪杭甬高速公路股份有限公司宁波管理处成立，工作室下设7个分室。成立之初，该工作室便被认定为“浙江省级技能大师工作室”，次年又获评浙江省第七届“创新（劳模）工作室”。如今，由戴自刚主创或由他带领的技术团队研发的大小科技创新项目共计30余项，累计荣获国家实用新型专利25项，获中国公路学会等单位授予荣誉19项，工作室多项创新成果被推广应用，为公司节省高速公路运营管理成本约320万元。

徐静娜，孙文莉，柳子东.草根专家 最美工匠[J].中国公路，2021（8）：86-87.

## 第三节　知行合一　成就匠心之才

党的二十大报告强调，青年强，则国家强。当代中国青年生逢其时，施展才干的舞台无比广阔，实现梦想的前景无比光明。作为新时代的职业院校青年学子，要秉持格物致知、知行合一的理念，立鸿鹄之志，怀大匠之心，成大匠之才，行大匠之道，努力成为堪当民族复兴重任的新时代大国工匠，让青春在为祖国、为民族、为人民的不懈奋斗中绽放绚丽之花。

### 一、格物致知，固本培元筑匠基

“格物致知”出自《礼记·大学》：“致知在格物，物格而后知至。”格，动词，穷究；物，事物的原理、道理、规律。故“格物”就是穷究事物的道理和规律。致，推到极致，推到最高点；知，知识。故“致知”就是把知识推到极致。术到极致，几近乎道。“格物致知”是学习知识、淬炼技能、恪守匠心应持的重要态度和方法。青年学子迈入职业院校，就进入了技能成才的快车道。在这人生中最美好、最宝贵、最值得回味的时光，我们应该如何为今后的大国工匠之路夯实基础、强技赋能、积淀底蕴呢？

### （一）笃学慎思，掌握成才金钥匙

学习是掌握专业知识、练就精湛技术技能的基石，是开启大国工匠之门的金钥匙。职业院校的青年学子正处于思维最活跃、精力最充沛的时期，要把学习作为一种毕生的价值追求，要养成良好的学习习惯，掌握适合自己的学习方法，学出质量，学出效率。

要勤学，就是要勤奋学习、刻苦学习。古人说，书山有路勤为径，学海无涯苦作舟。勤奋刻苦是学习的前提，没有勤奋和刻苦的精神，谈学习只能是一句空话。随着社会经济的发展和教育教学改革的不断深化，职业教育的培养目标、课程体系、课程内容都发生了巨大的变化。各职业院校以社会需求为目标，以岗位技术要求为主线，不断优化学生的知识和能力结构，紧跟产业发展动态调整课程内容，提高课程专业度，创新教学方法。这就要求职业院校青年学子做勤奋的大学生，认真修好每一门课，课前主动预习，课中勤于思考，课后勤复习、勤总结，通过日复一日的勤学，积淀未来岗位之需。

要精学，就是要精于学习，深入钻研。新时代的知识更新和技术创新不断加快，社会分工日益细化，新技术、新模式、新业态层出不穷，行业和企业对人才所掌握的专业知识的深度要求越来越高。作为职业院校的青年学子，要利用宝贵的求学生涯，学好专业，掌握精湛的技术技能，切忌浮在表面，蜻蜓点水，一带而过，只学些皮毛，关键时刻顶不上来。同时，职业院校的课程安排非常紧凑，要学习的课程多、内容多，要掌握的知识点也很多，而每个人的学习时间、个人精力都是有限的，要在有限的时间和精力下，有针对性地开展学习，注重有机整合，将零碎的知识进行有序归类，使之逐渐成为完整的知识体系，并通过实践不断增强触类旁通、举一反三的能力。

要博学，就是要广读书、广涉猎、厚积累。博与精是统一的、相辅相成的，博学是精学的基础，精学是博学的升华提高。当前，人工智能、大数据、云计算、区块链等新兴技术飞速发展，深刻地改变着人类的生产和生活方式，企业对人才的需求也发生了深刻转变，具有丰富的知识储备、精通多种技能、会管理、善创新的复合型技术技能人才将越来越抢手。这就要求职业院校青年学子在学好学精自身专业的同时，也要广泛涉猎不同专业群、不同领域的相关专业知识，掌握更多的技术技能，使自己成为一个知识广博、一身多技的复合型人才，拥有更加丰富的职业选择，赢得更加广阔的发展空间。

## （二）强能善技，练就匠才真本领

当今世界正朝着数字化、信息化、网络化、智能化的方向迅猛发展。浙江省第十五次党代会报告提出，推进创新链产业链深度融合，加快构建现代科创体系和产业体系。支撑产业高质量发展所需的知识和技能日新月异，如果对学习的内容没有鉴别，主次不分，不成系统，学起来必将事倍功半。那么，作为职业院校的青年学子，重点该学什么呢？

要精通专业理论。扎实的专业知识是胜任岗位的基本要求。成工匠之才，必须要有扎实的专业知识。任何一门专业，都有其完善的基础理论，而这些基础理论，又恰恰是掌握该领域技术技能并进行实践的先决条件。高职阶段是夯实专业基础的黄金时期，学校提供了完备的教学设施，创造了良好的学习环境，配备了精良的教师队伍。尤为重要的是，构建了完备的课程体系，公共基础课、专业基础课、专业必修课、专业选修课，这些课程由浅入深逐步递进，能够帮助同学们掌握必要的专业知识。职业院校青年学子要针对不同课程的特点，制订合理的学习计划，笃学不倦，做到志于学、专于学，格物致知，实现厚积薄发，为技能训练打牢坚实基础。

要淬炼技术技能。职业院校最核心、最突出的特质就是培养高素质复合型技术技能人才，这也是国家赋予职业教育的使命和责任。当前，职业院校的专业课程可分为理论课程、理实一体化课程及实践课程等三大类别。理实一体化课程注重知识和技能融合并重，实践课程以操作训练为主，同学们通过学中做、做中学，一定能够提升技术技能水平。同时，各职业院校还积极探索现代学徒制、产业学院、订单班等多种人才培养模式，积极引企入校，构建校中厂、厂中校产教融合的育人模式，努力营造真实的生产实训环境，其目的就是将岗位需求与能力培养对接，为同学们淬炼技术技能提供更多的机会和可能。对职业院校青年学子来说，就是要苦练技能，追求极致，只有真正掌握了精湛的技术技能，才能拥有立足之本。

要勤练提升素养。宝剑锋从磨砺出，梅花香自苦寒来。磨炼造就习惯、精细源于苦练，专业知识的积累、技术技能的提升，没有近道可抄，没有捷径可走，更来不得半点虚假，投机取巧、不劳而获只能是乌托邦式的空想，勤学苦练才是职业院校青年学子成匠才的“助推器”。在经过一段时间的学习掌握了系统的专业知识，针对不同的课程掌握了一定的技术技能后，接下来，就需要勤学苦练，将不同的技能融会贯通。勤练也不只是量的积累，还要保证质。要不拘泥于课堂、场所和形式，充分把握课内外、校内外各类实习实训时机，惜时如金、孜孜不倦，下一番心无旁骛、静谧自怡的功夫，努力做到又博又专、愈博愈专，求得真学问，练就真本领。

### （三）学以致用，点燃成匠才的加速器

学与用、知与行的关系，是学习的核心问题。要坚持学以致用、用以促学、学用相长，要积极主动投身各种实践，通过“学习—实践—再学习—再实践”这样的反复过程，把知识和技术转化为实践能力、转化为岗位任职能力，最终实现知识、技能、价值的高度融合。

在实习实训中融合。实习实训是提升同学们的动手能力和技能水平、实现高质量就业的有效途径。各职业院校紧跟社会经济发展和企业数字化、智能化转型需求，推进校企合作，深化产教融合，打造各种校内外实训实习基地，形成工学交替、教学做合一的培养模式。作为职业院校的青年学子，要利用各类实习实训机会，勤学苦练、深入钻研，掌握新技术、新工艺、新标准，在实训中促进知识和技能的融合，促进技术技能水平的提升。

在社会实践中检验。实践是培养和提高能力的重要途径，是检验同学们是否学到知识、掌握技能的重要途径。近年来，浙江各职业院校不断加强第二课堂建设，注重实践育人，通过广泛开展各类校园和社会实践，为同学们认识国情、了解社会，受教育、长才干，提供了良好的平台。同学们既要主动积极参加各种校园实践活动，又要勇于参加社会实践活动；既要积极参加各类生产劳动，又要热忱参加各类教育实习活动，在社会实践中促进知识和技能的融合，促进能力和本领的提升。

在劳动锻炼中升华。劳动锻炼是落实党的教育方针，对广大职业院校学生进行劳动教育、锤炼劳动品格的重要任务，是落实“德技并修”的重要途径。《中共中央国务院关于全面加强新时代大中小学劳动教育的意见》提出，要结合学科和专业积极开展实习实训、专业服务、社会实践、勤工助学等。职业院校开展的劳动专业课堂、课堂劳动、企业生产劳动等，都是为了帮助同学们更好地了解劳模精神、劳动精神和工匠精神，使同学们在劳动实践中树立正确的劳动价值观、养成良好的劳动品质，强化工匠意识，促进知识、技能和价值的融合与升华。

### ◉ 案例3-8

#### 从职校毕业生到浙江工匠，“逆袭”在10001次的坚持

周光国，嘉兴市宏丰机械有限公司曲轴车间主任，2021年获评“浙江工匠”。

他说自己是“学渣”，没考上重点高中，上了一个职业学校。但在同事们眼中，他是技术大牛，是逆袭榜样，他的存在让人相信：年轻拼搏的生命真的有无限可能。

英雄不问出处

工友们敬佩周光国，不仅缘于他精湛的技能，还在于他所成就的逆袭样本。

2001年初中毕业后，他入读浙江工业高级技工学校（现为浙江工业职业技术学院）。三年职校时光里，周光国清醒地认识到，一定要把书读好，把理论知识学扎实。他的学习成绩一直保持在班级前列。工作后，他仍然坚持学习、醉心钻研，每逢新设备上线，他就拿着设备说明书琢磨，想不通的地方就翻机械方面的工具书，再想不通就上网看技术大拿的讲解，他几乎每天连续工作十五六个小时。面对难关曾10000次地想要放弃，但在10001次的坚持中，一点点地敲破了蓝领工人成长的“天花板”。正是坚持学习、醉心钻研的精神，使其从“山区娃”的“初始设置”一路“打怪升级”，终成独当一面的技改大将，在36岁这年荣获“浙江工匠”称号。

问题粉碎专家

在同事们心目中，周光国是一名“问题粉碎专家”。

技术领域没有童话，谁也没有天生神技，坚守生产一线的15年如琢如磨，是周光国从“小白”到专家的修炼之道。

宏丰机械多次升级设备。“新设备并非开机就能投产，问题多得数不清。”这十年，是宏丰机械技改停不下来的十年，每一次升级，都是周光国的“打怪时间”。

企业技改初期，将粗车、精车、钻孔、铣油槽4道工序整合到一台复合型数控机床，这台尚未“驯化”的新设备在试产阶段简直噩梦连连，产品几乎全是废品。周光国发现问题由夹具定位方式不理想导致，他想了N套解决方案，无数次地尝试，最终通过更换夹具材料解决了问题。

这样的“打怪”例子还有很多。十几年来，他取得了12项实用新型发明专利，进行了40项技术改造，提出合理化意见130余项。

追光者成为光

从未忘记梦想，从不放弃坚持。如今，这个追光的人，自己身上也渐渐披上了荣耀的弧光。先后获得“浙江工匠”、“嘉兴工匠”、嘉兴市“十大杰出职工”、嘉兴市“工人发明家”、南湖区“工人发明家”等荣誉。

从职校毕业生，到一线奔忙的蓝领打工人，再到受人景仰的浙江工匠，是这位奋斗者走过的足迹。

我们看到一个工匠的长成。匠心筑梦、创造伟大，来自实践的千锤百炼，矢志不渝，让人由衷感佩。

周明丽，祝琳，邵建平.周光国：从职校毕业生到浙江工匠，“逆袭”在10001次的坚持[N].嘉兴日报，2022-03-08（3）.

## 二、习以精进，岗课赛证强匠能

2021年，全国职业教育大会首次提出“岗课赛证”综合育人。这一育人模式以人才供需为联结抓手，在人才需求、人才培养、人才展现、人才供给之间实现了深度互融。同年，中共中央办公厅、国务院办公厅印发了《关于推动现代职业教育高质量发展的意见》，从国家政策层面明确“岗课赛证”综合育人改革，对于推进教育链、人才链、产业链、创新链的有效衔接和增强职业教育的适应性具有重要的时代价值。

### （一）以“岗”定“课”，优化教学内容

新业态蓬勃兴起，新职业应运而生。2022年7月，人力资源社会保障部向社会公示了家庭教育指导师、数据库运行管理员、碳汇计量评估师、民宿管家等18个新职业信息，引发广泛关注。国家新职业发布并非首次，自2019年人力资源社会保障部重启新一轮新职业发布以来，已陆续发布了4批共56个新职业。新职业为职业院校毕业生提供了更多的选择窗口，年轻人接受新事物的速度较快，新业态工作环境和氛围跟年轻人的追求很契合，他们能够很快融入行业。对毕业生来说，新职业中蕴含着发展的机遇。

新时代赋予新使命，新征程当有新作为。作为新时代的职业院校学生，需要更加密切地关注和接触社会，了解产业发展，时刻把握行业的新趋势、新技能，做到与时俱进。为了实现这一目标，职业院校通过构建与职业岗位相匹配的课程体系来实现知识与技能的有效供给。比如，嘉兴职业技术学院通过建设“北斗学院”，构建“平台课程＋核心课程＋创客课程”的递进式模块化专业课程体系，有效解决了课程体系与教学内容滞后的问题。

浙江正锚定共同富裕示范区建设目标，全方位、体系化、高质量打造“浙派工匠”金名片。“十四五”期间，浙江省级财政每年投入资金2.98亿元，撬动地方财政投入配套资金超过200亿元，将建设10所在全国有影响力的一流技师学院和69个适应浙江产业需求的高水平专业群。今天，我国职业教育已经站到了新的历史起点上，“国家重视技能、社会崇尚技能、人人享有技能”的社会氛围，必将为每一位职业院校学子展示技能、展现才华、成就精彩人生提供更多机遇，搭建更广阔的平台。

### （二）以“赛”提“技”，强化技能水平

职业技能竞赛是依据国家职业技能标准，结合生产和经营工作实际开展的以突出操作技能和解决实际问题能力为重点的、有组织的专业性竞赛活动。世界技能组织前主席西蒙·巴特利（Simon Bartley）指出，职业技能可以改变世界，职业技能竞赛是实现卓越、实现进步、测试新变革想法的实验场。当前，我国已形成以校赛为基础、省赛为支点、行赛为补充、国赛为龙头、世赛为顶峰的职业技能赛事体系。

学校组织学生持续广泛地开展职业技能竞赛，营造技能型人才成长的良好氛围。参赛选手在训练过程中，不仅要掌握技能要点，更要注重体能、心理素质和环境适应能力的训练，养成安全意识、节约意识、环保意识等良好的职业习惯，实现专业技能和职业素养的双向提升。

“从一点一滴做好，从一招一式练强。”技能大赛通过还原真实情境，体现完整任务，考核综合能力，检验应变能力，测评职业素养，体现教育特色，彰显育人功能。职业院校的学生应该把职业技能竞赛作为步入职业岗位之前的“练兵场”和“试金石”，通过参与不同层次的职业技能竞赛来检验技术、锤炼技能、切磋技艺，在竞赛的项目实践中不断提升技能水平，为自身的职业发展奠定坚实基础。

### （三）以“证”强“能”，提升就业能力

肩负高质量发展建设共同富裕示范区、全球先进制造业基地的使命，浙江比过去任何时期都更渴望高技能人才。人才怎么样，用人单位最有发言权。事实上，一个以企业为主体的创新职业技能人才评价体系已在全省范围内创建完成。截至2022年2月底，浙江省已备案职业技能等级认定机构4384家，其中用人单位4014家。随之而来的是稳定成长的高技能人才队伍——浙江已有100.54万人次参与职业技能认定，新增高技能人才40.35万人次。

“1+X”证书已成为提升职业教育人才培养适应性的重要抓手。浙江药科职业大学国际贸易实务专业采取自愿报名与择优选拔相结合的方式，选择20余名学生到外校参加考证，其中有16位同学同时通过理论与实践考核，并获得跨境电商B2B数据运营职业技能等级证书（中级）。这也是学校首批获得“1+X”证书的同学。这些同学在就业时可以直接进入阿里巴巴集团建立的外贸人才库，上云招聘平台，拥有智能匹配数十万家阿里巴巴外贸会员企业的权利，这为他们职业生涯的可持续发展注入了新的活力。

“1+X”证书制度凸显了职业教育的教育属性与市场属性的辩证统一。学历证书

全面反映学校教育的人才培养质量，职业技能等级证书反映职业活动和个人职业生涯发展所需要的综合能力，促进教学标准与行业职业标准对接。职业院校的学生应该把握机遇，从实际出发，做好职业生涯规划，选择最适合自己的职业技能类证书，拓展就业创业本领，成就出彩人生。

## 拓展

### “1+X”证书制度试点工作

《关于在院校实施“学历证书+若干职业技能等级证书”制度试点方案》（教职成〔2019〕6号）提到，自2019年开始，重点围绕服务国家需要、市场需求、学生就业能力提升，从10个左右职业技能领域做起，稳步推进“1+X”证书制度试点工作。落实“放管服”改革要求，以社会化机制招募职业教育培训评价组织，开发若干职业技能等级标准和证书。有关院校将“1+X”证书制度试点与专业建设、课程建设、教师队伍建设等紧密结合，推进“1”和“X”的有机衔接，提升职业教育质量和学生就业能力。通过试点，深化教师、教材、教法“三教”改革；促进校企合作；建好用好实训基地；探索建设职业教育国家“学分银行”，构建国家资历框架。

## 案例3-9

### 嘉兴职业技术学院：“四融四化”培养乡村振兴新农人

统筹城乡发展、促进乡村振兴是实现共同富裕的必由之路。嘉兴职业技术学院传承70余年农业职业教育办学积淀，围绕嘉兴城乡融合发展新要求，加强涉农专业群建设，持续创新“人才培养直通农村”的教育教学改革。2021年5月，学院被农业农村部、教育部评为全国首批乡村振兴人才培养优质校。

“量身定制、双创贯融”，确立“类型化”人才培养模式。学院招收直接从事农业农村工作和有志于农业创业的农村青年，按照“学历+技能+创业”的培养方式，实施“忙农闲学、产学并重”的教学模式，12批农民大学生全部返回乡村振兴岗位，1200余人成为乡村振兴领头雁，培养留得住的“专业型”新农人。最近几年，学院扩大招收全日制涉农专业学生规模，实施“学训分季、专创融合”的现代学徒制人才培养模式，依托产业学院与农业龙头企业组建现代学徒制班23个，培养学员629名。学院构建融入培养方案、融入课堂教学、融入课外实践的“三融入”创新创业教育体系，强化耕读教育，涵养“三农”情怀，专业就业对口率超过70%，创业率达17.2%，培养下得去的“融合型”新农人。学院招收家庭农场主、农业种养户、农创客等学员，按照“个性定制、菜单教学”的培训方式，采取“理论授课面对面+实践教学点对点+创新创业手拉手”的教学形式，累计开展农村实用人才技术培训15万余人次，培养干得好的“技术型”新农人。

方俊良. 嘉兴职业技术学院：“四融四化”培养乡村振兴新农人[N]. 中国教育报，2022-04-26（5）.

## 三、学用相长，知致行毅成匠才

知行合一，方能致远。知要真知，行要真行，要认真地学，用心地行。在成就匠才的道路上，只有学以致用、用以促学、学用相长，才能练就高超技艺，成为一名优秀匠才。

### （一）勇于实践，增强知行合一的践行自觉

励学笃行，敢于作为。事上磨，心上练，才能实现“当下觉”。要把“学”与“行”统一起来，严格要求自己，勤于学习，勇于实践。职业院校的学生更要在孜孜不倦的勤奋学习中锤炼过硬本领，养成知行合一的行动自觉。励精笃学，勇者行远，在成为匠才的道路上，多当几回“热锅上的蚂蚁”，多捧几回“烫手的山芋”，勇于在学习中发现问题，在实践中解决问题，才能长才干、提技能、壮筋骨，不断提高自我的综合素质。

奋斗实干，勇于担当。唯有将技术与岗位实际紧密结合，在实践中学真本领，下真功夫，学以致用，才能练就过硬技术，掌握精湛技能，增强自己的核心竞争力，为个人成长强力蓄能，为将来成才增值赋能。职业院校的青年学子要不畏挫折、不惧艰辛，将专业知识、职业素养、实践技能融合在一起，在面向实际、致力实干、深入实践中主动担当作为，做起而行之的行动者，做勤勉务实的实干家，才能真正担负起建设“技能浙江”、实现“两个先行”的时代重任。

### （二）勤奋苦练，强化知行合一的实践精神

多学多练，磨砺功底。知行合一，就是要把所学到的东西运用到实际生活中去，运用到岗位实践中去。刀在石上磨，人在事中练。匠才成长无捷径，只有不断练习，敢于实践，才能熟练掌握专业技能，储备扎实的技术功底。用汗水浇灌收获，以实干笃定前行，火箭心脏“钻刻师”何小虎不畏难、不认输，开创了超精密加工和测

量流程，解决了火箭发动机加工难题65项。他从一个高职院校毕业的农村孩子，到航天事业的技术工人，再到国家高技能人才，一路走来，靠的就是磨砺技能、下苦功夫。所以，职业院校的青年学子只有勤学苦练，会为能为，在实践中锻造“金刚钻”、干好“瓷器活”，才能成长为能够支撑中国制造、中国创造的能工巧匠、大国工匠。

立足岗位，实习提升。岗位实习是校企合作的一种方式，是职业院校教育教学的重要环节，也是提升人才培养质量的有效途径。利用岗位实习，职业院校青年学子可以从课堂进入工厂车间、田间地头，提前体验真实的工作环境，在现实工作环境中实现理论与实践的有机结合，着力培养适应环境和解决实际问题的能力，尽快养成科学严谨的工作态度、勤奋务实的工作作风、诚实守信的职业品德，实现职业能力和职业精神的同步提升，为将来建功立业奠定坚实的基础。

## 拓展

### 习近平总书记勉励广大青年要努力成为实干家

要力行，知行合一，做实干家。“纸上得来终觉浅，绝知此事要躬行。”学到的东西，不能停留在书本上，不能只装在脑袋里，而应该落实到行动上，做到知行合一、以知促行、以行求知，正所谓“知者行之始，行者知之成”。每一项事业，不论大小，都是靠脚踏实地、一点一滴干出来的。“道虽迩，不行不至；事虽小，不为不成。”这是永恒的道理。做人做事，最怕的就是只说不做，眼高手低。不论学习还是工作，都要面向实际、深入实践，实践出真知；都要严谨务实，一分耕耘一分收获，苦干实干。广大青年要努力成为有理想、有学问、有才干的实干家，在新时代干出一番事业。我在长期工作中最深切的体会就是：社会主义是干出来的。

习近平.在北京大学师生座谈会上的讲话[N].人民日报，2018-05-03（2）.

### （三）不懈奋斗，提升知行合一的坚定之力

脚踏实地，严谨务实。“道虽迩，不行不至；事虽小，不为不成。”脚踏实地是对待学习、生活和工作的一个基本态度，坚持不懈才能成就精彩人生。匠才的成长无捷径可走，职业院校的学生既要做“仰望星空、脚踏实地”的奋斗者，也要做“知行合一、躬行致远”的实干家。一分耕耘一分收获，只有把火热的实践作为最好

的课堂，永远保持“干一行、爱一行、钻一行”的初心，在职业道路上执着专注、潜心钻研，才能练就“之江匠心”，才能成为高素质的技术技能人才、能工巧匠、大国工匠。

面向实际，持之以恒。持之以恒就需要在行动的过程中排除万难，永不言弃。“不积跬步，无以至千里；不积小流，无以成江海。”再长的路，一步步也能走完；再短的路，不迈开双脚也无法到达。“神舟”飞天、“北斗”组网、“嫦娥”探月、“天问”奔火等，每一项重大成就都凝聚着时代青年不懈追求的奋斗，流淌着技能工匠拼搏的汗水。正如出生于1995年的湖南小伙邹彬，在平凡的岗位上坚守工匠精神，练就了一手砌墙的好技艺，从砌墙工成长为世界技能大赛获奖者，实现了从职校生成长为中建五局总承包公司项目质量总监，再到全国人大代表的华丽蜕变。他的事迹激励着广大职业院校的青年学子：惟有笃行，方能行远；惟其坚守，方显勇毅。只要在实践中、在岗位上耐得住寂寞，下得了真功夫，练就过硬本领，就一定能够成就自己的精彩人生。

## ◉ 案例3-10

### 育匠心开拓创新制好药

李从撑，中国共产党党员，1983年出生在浙江省台州市三门县浦坝港镇海山村一个贫困家庭，他从台州职业技术学院生化制药技术专业的一名专科学生到浙江海正药业股份有限公司的技术骨干，二十载不断学习钻研，踏实肯干、爱岗敬业，实现了从农村小伙到工匠人才的成长蜕变。

不惧艰难，一丝不苟苦练技能。2005年毕业伊始，李从撑深刻认识到学历和经验的不足，主动要求调到24小时三班倒的发酵车间看罐岗位，学习一线知识和基础技能。车间嘈杂的机器轰鸣声丝毫没有影响到李从撑，他随身带着笔记本，遇到不懂的地方马上记下来，虚心向老师傅们学习，短短两个月就记完了三本笔记本。功夫不负有心人，四个月后，李从撑就升任消毒岗位，他加倍投入岗位学习中；两年后，他凭借好学的精神、精湛的能力和熟练的技能被破格从生产一线调入技术中心生物技术部。

开拓创新，精益求精研制新药。2007年初到技术中心，李从撑被安排到酶工程研究小组。因人员紧缺，他一加入就肩负起项目研发和酶工程发酵实验室组建工作，并直接负责亚胺培南/西司他丁钠化学—酶法合成关键技术及产业化研发项目。如果热爱是一种动力，那么担当就是一种境界。李从撑初次从事技术研发，一次次的碰壁，他没有气馁；一次次的突破，他没有骄傲。他和专家老师们讨论、沟通、学习，汲取知识，充实自我。通过两年努力，该项目取得了突破性进展，技术更是达到了国内领先水平，团队申报的专利成功获批，项目成功进入了产业化生产，为公司带来了巨大的利润。该项目于2009年获得中国石油和化学工业联合会科技进步奖一等奖，2010年获得国家技术发明奖二等奖。

台州职业技术学院供稿

## 第四节　致用创新　造就匠心之师

技艺精湛谓“匠”，传道授业解惑谓“师”。为加速构建与制造业强国相匹配的“大国工匠”创新体系，实现中华民族伟大复兴，每一位中国工匠都要勤学苦练，淬炼匠师之术，以技艺凝匠心。要敢闯敢试，勇于创新，尚精尚巧，为推动高质量发展、实施制造强国战略贡献智慧和力量。职业院校青年学子要牢记习近平总书记的嘱托，既要勤学善思，更要学以致用，精于创新，在科技创新、技能创新等实践中，助力推动浙江的高质量发展。

### 一、追求精湛，淬炼匠师之术

匠师，是匠才之上的一种形态，他们以执着专注、精益求精、一丝不苟的高标准、严要求，修炼极致匠心、追求精湛技艺、磨砺强国匠能，是各自领域里出类拔萃的佼佼者。浙江省第十五次党代会报告在明确今后五年的主要任务中指出，要加快构建橄榄型社会结构，全省域推进共同富裕现代化基本单元建设。为实现这一目标，需要培养一大批技艺精湛的匠师提供人才支撑。职业教育作为肩负培养多样化人才、传承技术技能、促进就业创业、推动创新发展重要职责的教育类型，要致力于培养高素质技术技能人才，服务地方经济社会高质量发展。

#### （一）执着追求，淬炼极致匠心

极致匠心，是淬炼匠师之术的关键。2016年4月26日，在知识分子、劳动模范、青年代表座谈会上，习近平总书记指出：“在工厂车间，就要弘扬‘工匠精神’，精心打磨每一个零部件，生产优质的产品。”①精雕细琢地打磨每一个零部件、不遗余力地打造每一件器物的执着追求，是极致匠心的体现。极致匠心促使我们不断淬炼技艺，提升技能，追求技术上的精湛。

以赤子之心淬炼极致匠心。极致匠心的淬炼关键在于是否拥有一颗甘于寂寞、追求极致的赤子之心，是否能摒弃浮躁喧嚣，在本职岗位上坐得住、钻得深、做得好。没有那份清寂的执着与坚守，没有精雕细琢、精益求精的态度，就无法创造出好作品。有着2000多年历史的龙泉宝剑的诞生，从原料到成品，需经过打坯、热锻、铲、锉、镂花、嵌铜、磨光、装潢等20多道工序，反复千百次，才能最终成剑。宝剑锋从磨砺出，每把锋利宝剑的背后，都蕴含了一颗极致匠心。

以卓越追求淬炼极致匠心。匠心，源于极致追求；极致追求，终将造就与众不同。成为一名匠师，修炼己心是必要的准备和过程，让工匠精神渗透到学习、工作、生活的各个层面和各个环节，强化工匠意识，锻造工匠品质，培养追求卓越的创造精神与精益求精的品格，为实现中华民族的伟大复兴厚植精神情怀和奠定品质基础。

### （二）精雕细刻，练就高超匠艺

高超匠艺是淬炼匠师之术的基石。脚踏实地、精雕细刻是工匠精神的基本内涵。只有静下心来一心一意地做好、做精一件事，才能做出技与艺相融合的一流产品。从选择材料到具体设计，再到工艺制作，都在追求极致的品格中表现为非同寻常的精神和境界。

脚踏实地，练就高超匠艺。《荀子·劝学篇》中讲到“不积跬步，无以至千里；不积小流，无以成江海”。雕木成凰的鲁班、“不见整头牛”的庖丁……我国历史上练就出神入化技艺的能工巧匠不胜枚举。高超技艺的练就源于他们日复一日、年复一年的勤学苦练。作为职业院校的学生，我们要避免陷入好高骛远的恶性循环中，要握好每一根针、画好每一条线、做好每一个零部件等，脚踏实地，行稳致远。

执着专注，练就高超匠艺。“艺痴者技必良”，只有专注于一件事情才能成长为受人尊崇的匠师。“汉字激光照排系统之父”王选、“中国第一、全球第二的充电电池制造商”王传福等，他们用执着、坚持、精益求精创造出了一个又一个“奇迹”，为中国特色社会主义事业建设作出了突出贡献。作为职业院校的学生，我们要充分发挥主观能动性，利用好学校课堂、企业车间等平台，在学中做，在做中学，不断磨炼提升自己的技能水平，以“一生只做一件事”的专注精神，以“没有最好，只

① 习近平.在知识分子、劳动模范、青年代表座谈会上的讲话[N].人民日报，2016-04-30（2）.

有更好”的卓越追求，努力将自己淬炼成一名名副其实的高水平、高技能、高技艺匠师。

### （三）打造精品，磨砺强国匠能

打造真正意义上的“中国品牌”，是实现制造强国的根本路径。经过改革开放40余年的发展，我国制造业的竞争力日益强劲，已成为世界第一制造大国，但与制造强国相比，仍有不小差距。之所以有差距，就是因为我们的产品缺乏核心竞争力，缺乏具有精湛匠能的大国工匠的支撑。制造业是立国之本、强国之基，是经济高质量发展的主战场。2015年5月19日，国务院印发的《中国制造2025》提出中国政府实施制造强国战略第一个十年的行动纲领；2021年3月12日发布的《中华人民共和国国民经济和社会发展第十四个五年规划和2035年远景目标纲要》提出要深入实施制造强国战略，实现中国从制造大国到制造强国的跨越。

### 拓展

**制造强国战略**

《中华人民共和国国民经济和社会发展第十四个五年规划和2035年远景目标纲要》，根据《中共中央关于制定国民经济和社会发展第十四个五年规划和二〇三五年远景目标的建议》编制，主要阐明国家战略意图，明确政府工作重点，引导规范市场主体行为，是我国开启全面建设社会主义现代化国家新征程的宏伟蓝图，是全国各族人民共同的行动纲领。

《中华人民共和国国民经济和社会发展第十四个五年规划和2035年远景目标纲要》第三篇第八章提出，深入实施制造强国战略。加快补齐基础零部件及元器件、基础软件、基础材料、基础工艺和产业技术基础等瓶颈短板。推动集成电路、航空航天、船舶与海洋工程装备、机器人、先进轨道交通装备、先进电力装备、工程机械、高端数控机床、医药及医疗设备等产业创新发展。改造提升传统产业，推动石化、钢铁、有色、建材等原材料产业布局优化和结构调整，扩大轻工、纺织等优质产品供给，加快化工、造纸等重点行业企业改造升级。

重质重优，塑造优质中国品牌。中国要成功实现从制造大国向制造强国的转变，必须培养大批敬业、精益、专注、创新的匠师，将“工匠精神”融入生产、设计、经营的每一个环节，实现由“重量”到“重质”的突围。只有打造更多的精品、优质产品，塑造更多的“中国品牌”，中国经济发展才能进入质量效益时代，中国制造业才能在做大做强中跻身世界前列，中国制造才能赢得未来。

磨砺匠能，引领行业质量发展。实现中华民族伟大复兴的中国梦，不仅需要大批科学技术专家，而且需要千千万万的能工巧匠、大国工匠。职业院校青年学子要以梦为马、踔厉奋发、砥砺前行，修炼匠心、淬炼匠艺、磨砺匠能，早日成长为行业内的佼佼者、产业里的大匠师，为建设技能型社会贡献力量。

## 案例3-11

### 新时代“大国工匠”助力中国稳步迈向制造强国

中国共产党第十八次全国代表大会以来，中国着力推动工业经济结构调整和转型升级，正在由制造大国向制造强国大步迈进。建设制造强国需要培育一批领军人物和大国工匠，为制造业转型升级提供源源不断的人才和动力。

改革开放40年来，随着门类齐全的现代工业体系的建立，中国制造业占全球的比重从1990年的2.7%跃升到2010年的19.8%，排名从世界第九位跃居世界首位，并自此连续多年稳居世界第一。工业行业众多，支撑了制造大国，同时对大国工匠的需求也在提升。近年来，在全球各国竞争日益激烈、国际贸易摩擦加剧的新形势下，中国高度重视技能型人才队伍建设，力求以建设工匠强国的实践支撑制造强国目标的实现。

来自中国石油集团西部钻探工程有限公司试油公司的谭文波是一名试油工。26年来，他从一名普通工人成长为中石油集团公司高级工人技师。多年来，他解决一线生产疑难问题30多项，获得技术转化革新成果4项、国家发明专利4项、实用新型专利8项。在谭文波心里，“工匠精神”总结起来应该是九个字：精于工、匠于心、品于行。精于工，是对自己的技艺和产品精益求精，对技能的一种历练；匠于心，是对心智的一种磨炼，耐得住寂寞，走上工匠路，就是修心的路；品于行，是能挡得住繁华，能挡得住诱惑，用一份专注和执着去完成一个又一个中国制造。

潘玉华是中国电子科技集团有限公司第二十九研究所高级技师，自1995年入所以来，在承担机载、航空、航天等重大任务方面作出积极贡献，保障了多个重点平台项目的研制与生产任务，支撑整个微系统产品的研发生产。在她眼里，“工匠精神”可以概括为六个字：专注、坚持、创新。

靳丹妮.新时代“大国工匠”助力中国稳步迈向制造强国[EB/OL].中央广电总台国际在线，2018-10-15. https://news.cri.cn/20181015/a2dc61ab-bb63-ab1c-1d6b-76741b0ff8ef.html.

## 二、矢志革新，凝聚匠师之智

《诗经·大雅·文王》云：“文王在上，于昭于天。周虽旧邦，其命维新。”早在商汤时期，“盘铭”上就刻着“苟日新，日日新，又日新”的字句，表明革新是一个持续不断的过程；《尚书·康诰》篇云“作新民”，强调要造就一代自新的人。由此引申、发展而来的“刚健日新”的思想（《易传》），代表着中华文化的基本精神，是激励中华民族不断创新、不断前进的思想源泉。浙江省第十五次党代会报告指出，要“牢牢把握实施创新驱动发展战略的要求”，“着力推动全面转入创新驱动发展模式”，“加快建设制造强省、质量强省”。作为匠师，同样需要发挥聪明才智，不断解放思想，争当改革先锋、技术能手、大国工匠，潜心工艺革新、技术革新和制度革新。

### （一）学习改革先锋，敢“改”敢“革”敢为人先

习近平总书记在庆祝改革开放40周年大会上指出：“我们要坚持创新是第一动力、人才是第一资源的理念，实施创新驱动发展战略，完善国家创新体系，加快关键核心技术自主创新，为经济社会发展打造新引擎。”[①]2018年，为表彰先进、鼓舞斗志，弘扬敢闯敢试、敢为人先的改革精神，激励全党全国各族人民坚定不移听党话、跟党走，将改革开放进行到底，中共中央、国务院决定，授予于敏等100名同志“改革先锋”称号，颁授改革先锋奖章。其中，就有许振超、包起帆等践行“工匠精神”的大国工匠和时代劳模。作为新时代职业院校的学生，应当见贤思齐，以改革先锋许振超、包起帆等为榜样，在学习、工作中发扬劳模精神、劳动精神和工匠精神，勇挑重担，敢啃“硬骨头”，敢接“烫手山芋”，敢闯敢试，敢为人先，不断开拓新领域，攻克新难题，研发新工艺，开发新产品，创造新成绩。

要培养革新思维。革新的过程充满艰辛，往往会受到“陈规”的束缚。要敢于突破常规思维的界限，以超常规甚至反常规的方法、视角去思考问题，提出与众不同的解决方案。大家耳熟能详的司马光砸缸的故事和曹冲称象的故事，都是具有创新思维的典范。

要提升革新能力。要以解决问题、提高效率为导向，在工作和学习中善于观察、勤于思考、触类旁通，不断想出更好的办法、更优的方案来。木匠鼻祖鲁班就是善于从生活中发现灵感，发明了锯子、刨子等木工工具，从而大大提高了工作效率。

---

① 习近平.在庆祝改革开放40周年大会上的讲话[N].人民日报，2018-12-19（2）.

### （二）传承传统工艺，尚“巧”尚“新”不断革新

追求技艺之“巧”之“新”，对于传统工艺具有特别重要的意义。“巧”和“新”是“工匠精神”的基本内涵，巧夺天工、鬼斧神工、巧同造化，破旧立新、革故鼎新、推陈出新，都表达了对“巧匠”和“革新”精神的赞美，“巧”和“新”在本质上体现了创造性思维的特质。

传承创新传统工艺需要革新。2022年6月23日，文化和旅游部、教育部、科技部等十部门联合印发《关于推动传统工艺高质量传承发展的通知》，强调要努力推动传统工艺创造性转化、创新性发展，更好地服务于经济社会的高质量发展和人民生活的高品质提升。这是促进传统工艺薪火相传的重要举措，为传统工艺传承发展注入新动能。

坚持创新驱动推进产业转型升级需要革新。经济社会的高质量发展，使其对高素质技术技能人才等“金蓝领”的需求日益迫切。浙江省热切呼唤“浙派工匠”，大力推进“浙派师傅”“浙派技师”“浙派管家”三大技能人才队伍品牌建设，探索建立由首席技师、特级技师、高级技师、技师、高级工、中级工、初级工、学徒工构成的新职业技能等级（岗位）序列（简称“新八级”），营造“人人学技能、持续学技能、走技能成才之路”的良好社会氛围，引导更多技术技能人才立足岗位、钻研技能、执着专注，实现岗位成才、技能致富，建功新时代。

## 拓展

#### 浙江人才政策创新，率先实施职业等级认定

2022年4月，浙江省人力资源和社会保障厅发文试点技能人才职业技能等级“新八级”制度，试点有效期至2023年4月30日。在试点基础上，浙江省将逐步探索在行业组织、社会培训评价组织中推行“新八级”制度。

特级技师、首席技师是在高技能人才中设置的高级技术职务（岗位），一般应在有高级技师的职业（工种）领域中设立。特级技师、首席技师评审方式可综合采用个人述职、成果展示、面试答辩、综合评议、业绩量化考核等形式进行。

符合下列条件之一的人员，优先考虑评定特级技师：(1) 全国技术能手，或“浙江杰出工匠”称号获得者，或钱江技能大奖获得者；(2) 国家级技能大师工作室领头人，省部级、中央企业及以上技能大师类称号获得者；(3) 浙江省“百千万”高技能领军人才培养工程第一层次“杰出技能人才”；(4) 享受国务院颁发的政府特殊津贴人员；(5) 在技术革新、技术改造上有突出贡献，省级科学技

术奖一等奖及以上奖项获得者；(6) 世界技能大赛奖牌或国家职业技能大赛金牌（第一名）获得者；(7) 在培养技能人才和传授技艺方面有突出贡献，世界技能大赛获奖者或国家职业技能大赛金牌（第一名）获得者的教练。

符合下列条件之一的人员，可直接申报首席技师：(1) 中华技能大奖获得者，或"浙江大工匠"称号获得者；(2) 在重大技术攻关、成果转化、技术创新、发明等方面作出重大贡献，国家科学技术奖二等奖及以上奖项获得者。

对于高技能人才的待遇，浙江省人力资源和社会保障厅相关文件明确规定，高技能人才人均工资增幅不低于本单位相应层级专业技术人员和管理人员人均工资增幅，探索实行协议工资、项目工资、年薪制、专项特殊奖励、股权期权激励、技术创新成果入股、岗位分红等激励办法；对在聘的高技能人才在学习进修、岗位聘任、职务职级晋升、评优评奖、科研项目申报等方面，比照相应层级专业技术人员享受同等待遇；聘用到特级技师岗位的人员，可比照正高级职称人员享受相关薪酬待遇，享受疗休养（休假）及落户、购（租）住房、医疗保障、子女教育等方面待遇；首席技师薪酬待遇可参照本单位高级管理人员标准确定或根据实际确定，不低于特级技师薪酬待遇。

雷虹.我省着力打造"浙派工匠"：15家企业试点 职业技能等级"新八级"制度[N].浙江工人日报，2022-07-28（3）.

### （二）追求"道技合一"，习"技"践"道"臻精至善

追求技艺的精湛与产品的精致是传统工匠精神的两大特点，但对技艺和作品精益求精的追求并不是高明的工匠们的真正目的。他们希望通过手中的技艺领悟到"道"的真谛，达到"技可进乎道，艺可通乎神"的境界，从而实现人生意义的超越。理智与实践相结合的创造精神是匠师所应具备的，在工作过程中，应力求做到技艺与作品的精益求精，追求一种"道技合一"的理想状态。

"道技合一"即"匠工蕴道"。《庄子》的多篇文章都表达了对工匠精神的本质看法。《庄子》以庖丁解牛、匠石运斧等案例告诉我们，所谓"臣之所好者，道也，进乎技矣"。庖丁以解牛数千之功力，以神遇而不以目视的技法，达到"官知止而神欲行，依乎天理"的境界，做得仿佛日升月落一样自然。足可以见，古代工匠精神既是实践的积淀，又是内心对"道"执着追求的体现。"道"是中国哲学的最高概念，蕴含着天地自然与人类社会的规律或准则。"道技合一"，是匠师的理想境界，也是

我们应该追求的人生境界。“合一”有各方面的合一，如专业和职业的合一，劳力和劳心的合一，动手和动脑的合一，以及技术和大道的合一。

## ◎案例3-12

### 陈丽君：赓续传承　向“越”而生

2008年，陈丽君怀揣艺术梦想，考入了浙江艺术职业学院与浙江小百花越剧团联合培养的2008级越剧小百花订单班。越剧以坤生为艺术特色，但由女生来饰演男生，并非易事，这个90后的女孩从此要收敛婉约、藏起柔软，身披长袍、脚穿高靴，学习小生的一招一式、吟咏唱诵。陈丽君骨子里有一股韧劲，在校期间嗜戏如命，练功房成了她的“家”。

她主攻小生，在《步步惊心》中饰演四爷，在《何文秀》中饰演何文秀，在《胭脂》中饰演吴南岱，在《白兔记》中饰演刘承佑，在《五女拜寿》中饰演邹士龙，在《周仁哭妻》中饰演周仁，在《白蛇传·断桥》中饰演许仙，在《珍珠塔·惊塔》中饰演方卿，在《红楼梦·葬花吟》中饰演贾宝玉，在《梁祝·十八相送》中饰演梁山伯……陈丽君2017年获浙江省“新松计划”青年戏曲演员大奖赛金奖，2019年居“越美中华”越剧青年演员大汇演越秀组“金艺奖”榜首，2021年获“擂响中华”第三季中国戏曲十大青年领军总冠军；2017年至今，赴澳大利亚、新西兰、汤加参加“亲情中华”文化交流，参加法国、英国、德国、奥地利等国巡演，参加泰国第十七届曼谷国际音乐舞台艺术节，在世界舞台上弘扬与传播中华优秀传统文化。

她说：“要热爱心中的艺术，而不是艺术中的自我。真正的演员，是在艺术舞台上散发角色的光芒，而不是体现自我。”年轻的陈丽君，在越剧舞台上塑造了一个又一个生动鲜活、栩栩如生的越剧人物，以精湛的演技赢得了观众的支持与好评。

浙江艺术职业学院供稿

匠师的风骨和勇气在于革新，匠师的聪明和才智用于革新，匠师的贡献和价值存于革新。矢志革新，激扬万千匠师之智；提升技能，实现技能报国梦想。作为未来的浙派匠师，职业院校青年学子将迎来大显身手的广阔舞台，在“劳动最美”“奋斗最靓”“革新最强”的时代强音中为浙江省率先实现“两个先行”贡献自己的青春和力量。

## 三、传德承技，践行匠师之道

助力浙江省高质量发展，奋力推进中国特色社会主义共同富裕先行和省域现代化先行，要培养卓越工程师、高技能人才队伍，打造战略人才力量。培养高素质技术技能人才，职业教育领域自古传承的一种重要形式就是“学徒制”。通过师徒结对，匠师以“师”之道为引领，在“传、铸、扬”中传匠师之道，培养德艺双馨之才，为中国制造转型升级增添助力。作为职业院校的学生，我们要成为有高度、有厚度、有强度的时代新人，争做匠师之道的传承者、践行者和弘扬者，为浙江高质量发展实现“两个先行”贡献青春之思想、青春之智慧、青春之力量。

### （一）名师带徒，传匠师精技精髓

践行中国特色学徒制，为大国制造增添助力。中国特色学徒制是对传统学徒制的创新转化，是培养各类高技能人才、打造大国制造的硬核实力、推动中国制造走向世界的重要途径。浙江作为共同富裕先行省份和省域现代化先行之地，积极践行中国特色学徒制，发挥“学徒制”培养高技能人才的有效作用，打造世界重要人才中心。2020年，浙江省总工会在全省广泛开展“名师带徒”活动，发挥匠师的引领、示范、带动作用，传授匠师专注之心、精湛之技、至善之魂，帮助“普通工人”成长为“大国工匠”，为制造业发展精准输送优质人才。

#### 拓展

**《中华人民共和国职业教育法》中明确提出“中国特色学徒制”**

2022年4月20日，第十三届全国人民代表大会常务委员会第三十四次会议表决通过了新修订的《中华人民共和国职业教育法》，其中明确提出“国家推行中国特色学徒制”。

第三十条　国家推行中国特色学徒制，引导企业按照岗位总量的一定比例设立学徒岗位，鼓励和支持有技术技能人才培养能力的企业特别是产教融合型企业与职业学校、职业培训机构开展合作，对新招用职工、在岗职工和转岗职工进行学徒培训，或者与职业学校联合招收学生，以工学结合的方式进行学徒培养。有关企业可以按照规定享受补贴。

企业与职业学校联合招收学生，以工学结合的方式进行学徒培养的，应当签订学徒培养协议。

第四十七条 国家鼓励职业学校聘请技能大师、劳动模范、能工巧匠、非物质文化遗产代表性传承人等高技能人才，通过担任专职或者兼职专业课教师、设立工作室等方式，参与人才培养、技术开发、技能传承等工作。

保持静心守一，传匠师静思之性。静心则专，静思则通。30余年重复同样一件事情即专注发动机喷管焊接的高凤林；40余年低调做事，专注飞机零件打造，从未产出一件次品的“航空手艺人”胡双钱……他们面对诱惑不动摇，面对干扰不放弃，凭借专注和坚守，成长为受人尊敬的“大国工匠”。因此，匠师要时时提醒、谆谆教导，引导年轻工匠自觉抵制外界诱惑和干扰，静定专精，守志不移。

活用教育资源，传匠师精湛之技。现代“师带徒”的形式多样，包括企业内部培养、校企联合培养、学校专业培养等；方式灵活，包括课堂讲授、仿真教学、名师讲座、岗位实习、企业实践等，为匠师传授精湛技艺提供了良好的条件。为实现教育效果最优，还需要匠师精心组织教学，不仅要传授“普适性”的技能知识，还要以高度的责任感，对学生进行差异化、个性化培养，打造高素质、强技能、作风优良的人才队伍，更好地适应产业转型升级和经济社会发展对技能人才供给的需求。

适应社会发展，传匠师精神之髓。我国的制造业正在发生着历史性的变化，粗放式的发展方式因精细化、创新型的发展需求而被代替。只有精益求精，臻于至善，不断促进科技创新和技术进步，才能推动新旧动能转换，跑出高质量发展的加速度，适应社会发展需要。因此，“师带徒”不仅要传授精湛技艺，还要把匠师精益求精、锐意进取、追求极致的精神之髓传承好，把应然的职业理念转化为每一位中国工匠实然的工作行为。

### （二）躬行实践，长匠师底气骨气

培养高素质人才队伍，推动制造业变革升级。实现第二个百年奋斗目标，迈向社会主义现代化强国，需要打造一支会创新、能创新、善创新的高素质人才队伍。匠师作为帮助者、引导者，要帮助年轻工匠形成善于创新、敢为人先、攻坚克难的“工匠品质”，引导他们做坚定、踏实、躬行的现代工匠。

于变革创新中锤炼品质，长匠师底气。处于新的历史方位，面对新的机遇和挑战，要使我国制造业高质量发展道路行稳致远，创新求变是底气。每一名工匠都要站稳岗位，打造精品，创新创造。因此，匠师要引导年轻工匠强化变革创新意识，提升变革创新能力，增强匠师底气。

于精工巧制中感悟智慧，长匠师才气。匠师要通过言传身教，引导年轻工匠在实践中思考、感悟每一个技艺奇迹。例如，不用一个铁钉、一滴胶水，就能让木结构之间严密扣合的“榫卯构造方法”，以及“嫦娥”奔月、“北斗”组网、“奋斗者”深潜、港珠澳大桥飞架三地等国家重器与重大工程无不凝含着大国工匠的匠心智慧。匠师们要善于运用工程实践中积累的经验与智慧，帮助年轻工匠不断拓宽视野、优化素质、丰富自身才思和才气。

于攻坚克难中激发勇气，长匠师骨气。年轻工匠的成长过程，就是不断在实践中攻克一个又一个难关的过程。攻坚克难的过程中挑战与机遇同在，只有不畏艰难、砥砺奋进，才能迎来胜利。因此，在实践中，年轻工匠要虚心向匠师学习，传承演绎“99分就是不及格”的匠师精神，抛弃“尽量轻松获得成果”的投机取巧的想法，铸牢不服输的骨气，以攻坚克难的勇气直面前进道路上的各种挑战，最终成长为身怀绝技的一代匠师。

## ◎案例3-13

### 带徒与培训不放松，技术攻关与革新更抓紧

张纪明从技工学校一毕业就进了传化集团，在实际工作中碰到的第一个难题竟是一张小小的图纸。“在学校里，老师教我们学的是传统手工制图，可到了公司，为了提高工作效率，正在推广使用电脑辅助制图。怎么办？从头学。”凭借坚持和努力，不到一个月，他就掌握了电脑辅助制图技术，渐渐成为公司的技术骨干。

张纪明始终关注技术改革。在集团的OA（网络办公平台）里，常常可见到他提出的各项技改建议，他因此被大家称为“合理化建议积极分子”。为解决公司硅油产品乳化的新工艺，张纪明做了长期的探索。通过近一年的研究和实践，该工艺方法于2010年获得成功。此装置工艺方法中创新地利用定量配比，管线式乳化的工艺流程，利用仪表自动化控制加高端乳化泵设备，实现了管式连续乳化工艺装备，效率提升300%以上，使乳化产品接近纳米级，实现了小装置、高产量、高品质的目标。此系列产品在2012年度销售增长近60%，销售额近1.5亿元，获得了公司科技成果奖一等奖。同时将此项成果总结并形成的专业论文，在《中国石油和化工标准与质量》2013年总第288期上发表。

“在生产一线哪怕只是一个细微环节的创新，也往往会给整个项目带来显著的改善。如果创新理念能够充分贯穿于整个企业的方方面面，其带来的提升将是不可估量的”，张纪明对此深有体会。事实上，由他牵头的技术改造有很多，所获得的公司

科技成果奖就有11项之多。

虽然工作忙碌，但张纪明也不忘传帮带工作。对于专业维修人员，结合自身发展经历，主要以技能传授为主，让他们快速成长起来，成为技术队伍中的骨干。同时，凭借自身丰富的经验，总结出了包含化工机械、装备维修、设备管理等多项内容的培训资料，通过实践与案例剖析，提升他们的各项专业技能。他还被传化化工操作工技能鉴定站聘为化工机械培训讲师。2010年获传化集团“十佳优秀师带徒”称号，同时被杭州市总工会连续两届聘为“杭州市职业技能带头人”。

史佳.张纪明：带徒与培训不放松，技术攻关与革新更抓紧[N].每日商报，2019-10-07（7）.

### （三）身体力行，扬匠师报国强国情怀

弘扬匠师家国情怀，助推实现中华民族伟大复兴的中国梦。促进制造业转型升级，培养一支有理想守信念、懂技术会创新、敢担当讲奉献的工匠队伍是必要之举。新时期的年轻工匠，生逢其时，重任在肩。匠师要以文化人，引导年轻工匠接受传统文化熏陶；要坚守岗位职责，引导年轻工匠恪守初心；要担当时代责任，引导年轻工匠志存高远。

传承文化传统，扬匠师报国强国情怀。在中国工匠文化传统中，为民造福、为国分忧的家国情怀贯穿始终。诸如为了使人们的生活、劳作更加便捷，鲁班发明制作了曲尺、刨子、凿子、磨、锁、伞等工具；为了提升国家的军事实力，诸葛亮发明了诸葛连弩、木牛流马等军事设备……匠师要带领年轻工匠传承文化传统，发扬中国匠人为国、为民的精神，引导年轻工匠胸怀“国之大者”，立大志、明大德、成匠才、担大任，成为堪当民族复兴重任的高素质技术技能人才。

坚守岗位职责，扬匠师报国强国情怀。没有每一位航天人的“以岗为家”，就没有我国航天事业的里程碑式发展；没有每一位铁路工人的尽职尽责，就没有运营里程居世界第一的中国高铁；没有每一位建筑工人的辛勤付出，就没有货物吞吐量全球第一的宁波舟山港……因此，实现《中国制造2025》宏伟蓝图，每一个岗位、每一位工匠都是重要一环。匠师要引导年轻工匠形成正确的岗位认识，为制造业的高质量发展贡献力量。

勇担时代职责，扬匠师报国强国情怀。建设社会主义现代化强国、发展壮大实体经济，都离不开制造业，要在推动产业优化升级上继续下功夫。推动产业优化升级，需要破解新旧动能转换还不够快、产业链供应链韧性和竞争力有待提升等难题。这是时代提出的重大课题，职业院校青年学子要勇于承担起时代责任，在破解“卡

脖子”难题中筑牢强国之志，自觉把个人的理想融入中华民族伟大复兴的中国梦，成为堪当推进中国特色社会主义共同富裕先行和省域现代化先行大任的先锋力量，唱响“我在窗口写青春”最强音，奋力谱写建设“技能浙江”的无愧伟大时代的青春华章。

## ? 思考题

1.“学徒制”在高技能人才培养中发挥着重要作用，请你谈谈如何实现“学徒制”的创新，使其更加适应新时代的发展要求。

2.结合实际，谈谈如何成为一名“大国工匠”，做匠师之道的传承者。

3.在专业课的学习中，都有哪些有效的学习方法？

4.随着数字化、智能化的深入推进，作为新时代职业院校的青年学子，应该具备哪些专业知识和技能？

5.结合自身实际，谈谈如何学好专业理论，提升技术技能水平。

6.结合实际，谈谈如何在岗位实习中提升专业技能水平。

## 拓展阅读

1.习近平.在全国劳动模范和先进工作者表彰大会上的讲话[N].光明日报，2020-11-25（2）.

2.习近平.大力弘扬劳模精神劳动精神工匠精神 培养更多高技能人才和大国工匠[N].光明日报，2020-12-11（1）.

3.中央党校采访实录编辑室.习近平的七年知青岁月[M].北京：中共中央党校出版社，2017.

4.习近平.习近平谈治国理政：第一卷[M].北京：外文出版社，2018.

5.习近平.干在实处 走在前列：推进浙江新发展的思考与实践[M].北京：中共中央党校出版社，2006.

6.习近平.之江新语[M].杭州：浙江人民出版社，2007.

# 第四章

# 卓越创新　之江示范

## ——匠心的铸就与浙江高质量发展

变革时代，唯创新者进，唯创新者胜。浙江聚焦创新战略领域，重构省域创新组织体系，完善创新体制机制，优化数字经济、生态、文化体系，紧紧围绕高质量发展高品质生活先行区、城乡区域协调发展引领区、收入分配制度改革试验区、文明和谐美丽家园展示区“四大战略定位”，奋力推进中国特色社会主义共同富裕先行和省域现代化先行。

之 江 匠 心

## 本章要点

1.“技能浙江，两个先行”，浙江锚定共同富裕先行和省域现代化先行，忠实践行“八八战略”，推动技能浙江建设，匠心铸就推动浙江迈入现代化高质量发展新阶段。

2.“数字高地，系统重塑”，数字化改革是浙江实现共同富裕先行和省域现代化先行的必由之路。浙江充分发挥数字赋能优势，推进职业教育整体智治，建设智能制造人才培养高地，打造科创技能人才高地，以高质量数字化改革引领职业院校学子形成数字化思维，助推“数字浙江”建设。

3.“诗画江南，活力浙江”充分彰显了浙江山水之秀、人文之美和创新之魂，也高度凝练和集中展示了浙江精神、浙江文化和之江匠心。

# 第一节　技能浙江　两个先行

“国以人兴，政以才治。”技能人才是“中国制造2025”和经济高质量发展的重要核心力量，也是推动实现中华民族伟大复兴的重要核心力量。党的十八大以来，党中央、国务院高度重视技能人才工作，要求加大高素质技术技能人才培养和引进力度，加快培养大批高素质劳动者和技术技能人才。浙江省深入贯彻中共中央、国务院关于职业教育、技能人才工作的重要指示精神，坚持立德树人根本任务，在“八八战略”指引下，努力为浙江高质量发展实现“两个先行”提供涵盖各行各业的技能人才支撑。

## 一、技能立浙，打造“浙派工匠”金名片

浙江经济发达，活力涌动，深厚的精神底蕴使其一直走在全国前列。浙江的活力之源在于改革，在于率先建立了能够调动千百万人积极性的、激发千百万人创造

力的体制机制。进入21世纪以来，浙江大力实施人才强省战略，积极推进技能浙江建设，全力打造“浙派工匠”金名片，技能人才队伍建设成效卓著，有力推动浙江从资源小省向经济大省跨越，由浙江制造向浙江创造迈进。

### （一）强化政策引领，技能人才培养建设不断推进

推动发展的核心要素是人，在竞争日益激烈的今天，谁能聚集大批高层次人才，谁就能获得竞争主动权。浙江正凭借优越的基础条件和先发优势，抢抓机遇，加强人才培养工作顶层设计，加快人才政策创新，优化人才发展生态环境，在全国率先建成高技能人才强省。

浙江持续推进人才政策创新。人才政策创新是各地经济发展的重要推动力。党的十八大以来，浙江人才政策创新持续推进，推动人才工作取得显著成效。2016年，浙江率先提出打造“人才生态最优省”，随着浙江经济不断向纵深发展和对各类人才的强烈渴求，浙江不断加快人才政策创新步伐。通过多年的不懈努力，浙江呈现出人才政策完备度高、民营企业引才用才积极性高以及人才工作数字化创新度、人才政策开放度逐步提高的明显特点。

浙江技能人才数量和质量持续优化，为实现技能立省奠定坚实基础。经过十几年的发展，技能浙江建设取得显著成效。根据浙江省人力资源和社会保障厅数据，全省技能人才总量不断攀升，截至2022年底，全省技能人才总量达1195万人，高技能人才总量达395万人。

### （二）统筹各方资源，技能人才培养机制不断完善

实施项目驱动，打造职业教育发展新高地。在中国职业教育由大向强迈进的关键时期，浙江省启动省级“双高计划”，大力推进省内各层次职业院校建设，制定实施了若干重大关键性项目，开展四年制高职教育人才培养工作等，集中力量建设一批引领改革、支撑发展、特色鲜明的职业院校。通过这几年的发展，全省职业院校建设成绩显著。2022年，浙江省全年新增技工院校9所，全省技工院校达108所，实现技工院校覆盖全省县域。

构建系统性培训与灵活精准培训相结合的培训模式，打造浙江工匠培训新高地。浙江省不断整合技工院校、职业院校、普通高校等相关资源，统筹发挥企业、院校、行业组织和社会培训评价组织的作用，推动公共实训基地共建共享，建设多个职业技能培育基地和职业技能培训线上平台，形成面向社会的线上线下相结合的全周期

就业技能培训、岗位技能提升培训、转岗专业培训等系统性社会培训机制。浙江聚焦农业、数字经济、先进制造业、新形态产业“四个重点”，推进职业技能精准培训，形成职教培训现代化体系。浙江聚焦山区26县高质量发展，结合各地特色产业，因地制宜、因势利导开设地方特色专项职业能力考核项目，分类开展职业技能培训；聚焦数字经济、先进制造业等重点产业，实施企业职工技能提升行动、“金钥”培训计划；聚焦新业态新职业加大适配性培训供给，深入实施“金服”培训计划。为实现“十四五”期间电子商务发展目标，浙江省还率先启动电商人才培训，积极构建跨境电商人才生态体系，成为全国第一个设立跨境电商综合试验区的省份。

完善技能人才评价制度，打造技能人才评价新高地。浙江省深化技能人才评价制度改革，创新推进职业技能等级认定。2022年3月，浙江省人力资源和社会保障厅发布“1+5”体系化政策，全面系统夯实技能人才评价工作基础。其中五个管理办法分别是技能人才评价机构管理办法、职业技能标准开发管理办法、技能人才评价题库资源管理办法、技能人才评价专家管理办法和技能人才评价监督管理办法。

### （三）培养“数字工匠”，技能人才培养数字化水平不断提升

数字技术革命正在世界范围内推动社会生产生活方式向数字化转型，数字化转型成为引领全球经济和社会发展的风向标。浙江牢牢把握经济社会数字化转型机遇，顺应产业变革和数字化转型趋势，满足经济社会高质量发展需要，多举措全面推进“数字工匠”培养，为实现高质量发展、建设共同富裕示范区和现代化先行省份助力。

对接经济需求，开展“数字工匠”培训。浙江依托人才培养基地，积极面向社会各类数字化人才队伍开展定制化培训。杭州技师学院为服务区域经济发展，使专业建设匹配区域产业需求，改变以往单一的校企合作模式，与政府部门建立战略合作，搭建由行业协会、产业集聚区、经济开发区和骨干企业共同参与管理的五大产业学院，培养适应区域经济高质量发展的匠苗。

依托属地资源，提升“数字工匠”实操能力。“数字工匠”是既具有现代工业技术技能水平,又掌握智能化网络化技能、善于渗透融合数字技术改造提升传统产业的复合型技能人才。浙江依托属地职业院校和代表性行业企业，共同开展实训环境建设，推进数字人才培养软硬件基础设施部署，包含基地规划、课程设计、设备研发、平台开发等，通过实训补齐参训学员的技术短板，提升学员数字化知识能力、数字化操作能力以及数字化实践能力。2020年，浙江机电职业技术学院与滨江区联合启

动“家燕回巢”4.0行动计划，举办数字媒体创意设计培训班，旨在重点培养数字技能青年人才的实际操作能力，取得了很好的效果。温州人力社保部门全面打造了一批数字化人才公共实训基地，完善政校企三方联动培育机制，争取培养造就更多的“数字工匠”，形成新型“浙派工匠”。

深化产教融合，提升“数字工匠”供给能力。浙江发挥工业互联网产教融合创新中心作用，立足连接产业和职业院校两端的枢纽优势，推动院校专业建设、教学资源建设、师资培训、就业对接等工作，培养高层次研究型、应用型工业互联网专业人才，大力推进一体化职业教育发展，完善技能人才培养模式，有效提升行业数字人才供给能力。例如，永嘉县抢抓温州职业技术学院永嘉学院落地契机，全面对接泵阀、文旅、电商等县域重点产业，聚焦“产才融合”“产教融合”，精准实施职教育才新模式，为县内企业定制输出本土化高技能人才，为产业转型升级不断夯实技能人才基础。

## 案例4-1

### 湖州职业技术学院：“乌龙·虾皮（Shopee）创新班”跨境电商人才培养

近年来，快速发展的出口跨境电商正在成为中国外贸的重要支持力量，并且正从外贸“新业态”成为外贸“新常态”。与此同时，国家陆续出台了《关于深化产教融合的若干意见》《建设产教融合型企业实施办法（试行）》《国家职业教育改革实施方案》等一系列政策，为进一步深化产教融合、校企协同育人指明了方向。

在此背景下，为更好地满足跨境电商人才需求，提升跨境电商人才培养质量，2019年以来，湖州职业技术学院商贸与经济管理学院先后与宁波必创网络科技有限公司、浙江乌龙供应链管理有限公司合作成立“乌龙·虾皮创新班”，依托跨境电商创新创业人才培养孵化基地，积极探索跨境电商创新创业人才培养新模式，促进跨境电商人才培养与地方特色产业联动发展。

“乌龙·虾皮创新班”创新人才培养模式，进行产教深度融合，采用“项目制+双导师制”的管理方法。创新班主要招募具有一定专业基础的大二学生，实行脱产培养，用实践任务替换专业课的学分，实施班组管理，以订单数量、销售业绩等为关键绩效指标实施绩效考核。在运作期间，开展团建活动，每学期开展由项目学生自行安排举办的开班仪式、结业典礼，设立“乌龙文化日”，全方位锻炼了学员的综合能力。创新班培训结束后，企业导师通过“共享资源”等方式，精准推荐学员到跨境电商企业实习或就业。

“乌龙·虾皮创新班”自2019年9月创办以来，已经完成六期。创新班经过六期的摸索实践，取得了显著成效，实现了学生、学校、企业三方共赢。

截至2022年6月，“乌龙·虾皮创新班”共完成订单量43846笔，销售额达到1979688.2元。共培养303名具有跨境电商实际运营能力的人才。其中，1人获得虾皮平台官方讲师认证，2人获得虾皮平台官方广告投手认证（全国仅5人），还有30名学员通过虾皮平台自主创业。据毕业生跟踪调查反馈，创新班毕业生到跨境电商企业就业，起薪比一般毕业生高出20%，也更受企业领导重视。

2019年，学校被虾皮官方平台授予虾皮“Young帆计划——跨境电商高校人才孵化基地”称号，成为浙江省内校企合作项目的典范。省内外多所高职院校来校考察交流，希望学习和复制“乌龙·虾皮创新班”人才培养模式，部分创新班学员被邀请前往其他高校进行经验分享与技术指导。

创新班孵化的人才，符合企业用人标准，通过人才资源库建设，快速匹配企业与人才。这激发了校企合作企业的创新动力，助力区域产业经济的发展。湖州市商务局、贸促会、电子商务协会、跨境虾皮平台官方，以及30家湖州企业，通过举办首届“商务贸易产教融合发展联盟”服务地方经济沙龙，共商跨境人才孵化方案、跨境出海战略、湖州本土企业转型方式等。此外，校内的孵化人才被湖州皓鼎服饰有限公司等多家企业聘为咨询顾问，提供跨境电商培育、代运营服务。

湖州职业技术学院供稿

## 二、技能强浙，助推共同富裕先行

治国之道，富民为始。继我国实现脱贫攻坚战的全面胜利、消除绝对贫困后，新时代“扎实推进共同富裕”成为全面建成小康社会后的又一重大战略目标。2021年，浙江被赋予高质量发展建设共同富裕示范区的光荣使命。在习近平新时代中国特色社会主义思想的指引下，浙江扎实推进共同富裕示范区建设，为全国共同富裕先行探路。

### （一）提高政治站位，引领共同富裕新征程

职业教育对经济社会发展和共同富裕的重要性不言而喻。浙江，作为职业教育起步较早、统筹有力、发展平稳的省份，步入新时代，正以更高远的历史站位、更深邃的战略眼光推动职业教育高质量发展，为共同富裕先行探路。

浙江坚定政治站位，干在实处，为共同富裕先行探路。为全面贯彻《中共中央

国务院关于支持浙江高质量发展建设共同富裕示范区的意见》，忠实践行“八八战略”，奋力打造“重要窗口”，浙江省出台了《浙江高质量发展建设共同富裕示范区实施方案（2021—2025年）》，率先探索建设共同富裕美好社会，为实现共同富裕提供省域示范。2022年6月，浙江省第十五次党代会报告指出，以习近平新时代中国特色社会主义思想为指导，忠实践行“八八战略”，坚决做到“两个维护”，在高质量发展中奋力推进中国特色社会主义共同富裕先行和省域现代化先行，并作出前瞻性、全面性、系统性的战略部署，标注了浙江新的历史方位和奋斗坐标，开启了“两个先行”的伟大征程。

浙江擦亮高质量发展“金名片”，为共同富裕先行探路。10余年来，浙江在中国率先全面消除家庭人均年收入“4600元以下”的绝对贫困现象；连续实现较高水平的均衡发展，城乡居民收入连续多年居全国省区第一；数字化改革为浙江高质量发展注入新动力，近几年数字经济蓬勃发展，数字经济增加值和核心产业增加值从2016年以来实现双倍增长，如今数字经济增加值占地区生产总值比重近半。浙江正向共同富裕先行的目标奋力前行。

### （二）加强人才培养，助力共同富裕新征程

浙江积极引进高端人才和创新团队，助力共同富裕。高端人才的引进和培养是实现共同富裕的重要基础。浙江省通过制定政策和措施、完善人才培养和引进机制等途径积极引进高端人才和创新团队，设立了各类人才专项计划和项目，建立了一批人才工作站和人才孵化基地，搭建了人才交流平台和智库网络，加大对高层次人才和劳动力的培养和引进，为促进产业升级和经济社会发展注入了新的动力。

打破“天花板”，助力共同富裕。技术技能人才是建设制造强国之基，职业教育是技术技能人才培养之本。浙江在打破职业教育的“玻璃门”“天花板”，加快构建现代化职业教育体系，探索复合型技术技能人才培养新路径等方面，取得了明显的成效。2022年5月，浙江省教育厅印发《关于开展区域中高职一体化人才培养改革工作的通知》，探索职业教育长学制人才培养的有效实现方式。在实施多年“3+2”“五年一贯制”等中高职学制衔接的人才培养模式基础上，再次进行深度改革，目的就是培养高质量发展迫切需要的复合型高端技术技能人才，更好地助力高质量发展，实现共同富裕。

实施“扩中”“提低”，助力共同富裕。浙江正以新时代浙江工匠培育工程为抓手，深入推进技能浙江建设，大力实施“金蓝领”职业技能提升行动，推动技工教

育提质增量，努力为共同富裕示范区建设凝聚人才力量。如浙江台州，为了促进技能人才、高素质农民、产业工人等重点群体提质增收，积极拓展建成一批具有地方特色的混合所有制产业学校，加强职业培训，使更多的技能劳动者成为中等收入群体。

### （三）发挥技能优势，推动共同富裕新征程

推动技能型人才充分就业，以高质量就业筑牢共同富裕基础。共同富裕以充分就业为重要的经济和社会基础，技能型人才充分就业能有效激发市场经济活力，促进就业结构变化。为此，必须通过政策实现技能型人才好就业、就好业。就好业就意味着通过技能型人才的努力工作能实现收入提高，这是实现共同富裕的重要基础。浙江充分发挥技能优势，以聚焦技能人才为导向，积极推动技能人才充分就业，夯实共同富裕人力基础。

推动技能产业升级，做大共同富裕“蛋糕”，以高质量发展打好共同富裕基础。推动以低能耗、低污染、高附加值为突出特征的节能环保型朝阳产业取代高能耗、高污染、低附加值的传统落后产业，推动以创新和绿色为引擎的产业结构转型升级，让产业朝着更有利于社会和谐、生态文明、经济繁荣的方向发展，进一步发挥高质量发展对共同富裕的支撑作用。

推动数字化改革，撬动共同富裕体制机制创新，以高质量创新巩固共同富裕基础。数字化改革是浙江激发社会活力、促进共同富裕的“关键一招”，在共同富裕示范区建设过程中，一定要把握数字经济革命带来的新机遇，推动产业数字化变革，不断做大“数字蛋糕”，以数字化创新驱动实现经济高质量发展，夯实共同富裕的创新体制机制基础。

总之，在建设浙江共同富裕示范区的征程中，要充分发挥职业教育的人才“蓄水池”功能，把政策红利更好地转变为人才红利，不仅实现技能强浙，还能使浙江成为共同富裕示范区建设中的先行者，努力成为不断提供优质人才的高地，有效助推共同富裕。

## 拓展

**共同富裕示范区建设**

2021年6月10日，《中共中央 国务院关于支持浙江高质量发展建设共同富裕示范区的意见》（简称《意见》）发布，赋予浙江重要示范改革任务，先行先试、

做出示范，为全国推动共同富裕提供省域范例。《意见》紧扣推动共同富裕和促进人的全面发展等方面，围绕构建有利于共同富裕的体制机制和政策体系，提出六个方面、二十条重大举措。

为此，浙江提出了“三步并两步”的时间表和路线图：到2025年，浙江省推动高质量发展建设共同富裕示范区取得明显实质性进展；到2035年，浙江省高质量发展取得更大成就，基本实现共同富裕，率先探索建设共同富裕美好社会。

## ◎ 案例4-2

### 浙派工匠，让千万技能人才找到自己的“时区”

从犹豫着踏入职校大门，到21岁成为宝马系最年轻的首席维修技师，25岁被授予“全国技术能手”称号，同年入选浙江工匠培育名单，到如今获得技能人才领域最高荣誉，项腾飞在职业技能领域找到了自己的舞台。

项腾飞的技能修炼之路，是在一次次比赛中铺就的。入校之初，面对各级政府组织的技能大赛，学校竞赛队的名额首次向新生开放，项腾飞抓住机遇入选，在理论课的学习和大赛的实训中开始磨炼专业技能。“每次和前辈们同台竞赛压力都很大，我记得有次比赛完觉得手很痛，后知后觉才发现上面布满了水泡，但比赛时却完全没注意到。”

入职宝马，项腾飞如愿接触到前沿技术，但挑战也随之而来。最初工作时，带着“初生牛犊不怕虎”的拼劲，他爱在维修过程中提出新思路。一个毛头小子敢在一群老资历面前指手画脚，这让他在最初遭遇了不少冷眼。但很快，领导发现他的思路能提高公司工作效率，由此，项腾飞职业发展的局面开始打开：快速度过新人期，获得企业培训机会；成为公司最年轻的首席技师，兼顾员工技术培训和竞赛指导；代表公司参加职业技能竞赛，相继获得“全国技术能手”“浙江金蓝领”“浙江工匠”称号……

荣誉接踵而至，项腾飞也一步步在业内崭露头角。如今的他有了自己的创业公司，领衔成立了项腾飞工匠创新工作室，兼职成为金华职业技术学院机电工程学院特聘教师，致力于发动机管理系统、车辆电控系统等方向的技术专精之余，还长期受邀担任各类技能赛事的评委。

项腾飞说自己是浙江推进技能人才队伍建设中孕育出的小小果实。近年来，浙江大力实施技能提升行动，畅通技能人才成长通道，不断壮大高技能人才队伍。借着这股东风，越来越多的“项腾飞”找到自己的“时区”，在职业舞台上绽放出不一样的光彩。

浙江奔向共同富裕的路上，经济和产业的腾飞需要更多技能人才的支撑。过去几年，在浙江相关政策的精心浇灌下，不少如项腾飞一样的工匠身影开始步入大众视野，在技能舞台绽放光彩。未来，随着浙江打造“浙派工匠”金名片动作的持续深入，千万技能人才将找到属于自己的“时区”。

陈雷，翁宇君.浙派工匠，让千万技能人才找到自己的“时区”[EB/OL].浙江在线，2021-12-13. http://js.zjol.com.cn/ycxw_zxtf/202112/t20211213_23490639.shtml.

## 三、技能兴浙，推进省域现代化先行

浙江省始终高举习近平新时代中国特色社会主义思想伟大旗帜，在高质量发展中奋力推进中国特色社会主义共同富裕先行和省域现代化先行。浙江省现代化建设的发展历程是从改革开放后正式开启的。1998年浙江省第十次党代会提出，为加快实现现代化而努力奋斗。2002年浙江省第十一次党代会提出，全面推进我省社会主义现代化建设。2007年浙江省第十二次党代会进一步提出，为率先基本实现社会主义现代化打下坚实基础。2012年浙江省第十三次党代会强调，为建设物质富裕精神富有的现代化浙江而奋斗。2017年浙江省第十四次党代会提出，打造“枫桥经验”升级版，社会治理现代化水平明显提升。2022年浙江省第十五次党代会提出了省域现代化先行。浙江现代化建设由此步入高速发展期和全面发展期，更加突出以人为核心、以数字技术为支撑。

### （一）提升数字赋能和整体智治效度，助力人才治理现代化

从当今世界科技发展的趋势来看，信息技术迅猛发展，人类的生产生活进入信息化时代。在这一背景下，浙江突出数字赋能，推进高效人才治理，助力省域现代化。

浙江积极推进数字化建设，助力人才治理现代化。浙江以数字化手段推进技能人才治理全方位、系统性、重塑性变革，运用大数据、云计算、区块链、人工智能等技术，全面推进人才工作数字化改革，建设技能人才工作数字化平台，建立健全即时感知、科学决策、主动服务、智能管理等功能，打造全省一流的人才流量人口服务枢纽和数据中心，实现工作“一张网”、服务“一个码”、数据“一个库”，率先走上了技能人才数字化转型探索道路，实现了人才治理现代化。

浙江突出整体智治，助力人才治理现代化。整体智治，是指政府通过广泛运用数字技术，推动治理主体之间的有效协调，实现精准、高效的公共治理。浙江坚持整体政府理念，推进数据共享、业务协同、力量整合，构建完善省市县一体、部门间协作、全链条覆盖、制治智治贯通的人才治理体系，推动人才治理现代化。浙江坚持系统思维，将人才发展和治理建立在网络化、信息化、智能化的底座之上，推进深层次系统性制度重塑，全面优化人才环境，加快完善高质量发展、高水平均衡、高品质生活、高效能治理的人才体制机制建设，推动人才配置更加科学合理、人才治理体制机制更加完善、运行管理更加高效，提高省域人才治理科学化、精准化、协同化和现代化水平。

## （二）突出人才强省战略，助力技能人才发展现代化

创新人才发展体制机制，推进人才发展现代化。习近平总书记在2021年9月27日至28日召开的中央人才工作会议上强调，要深化人才发展体制机制改革。中央对人才制度改革提出了三个重要方向，即向用人主体授权、为人才松绑和完善人才评价机制。在中央顶层设计大框架的指导下，浙江探索人才发展制度改革的生动实践，如围绕省重点发展产业，积极运用市场机制引才、构建充满活力的人才使用机制、创新人才评价体制、深化职称制度改革等。

构建人才发展生态圈，推进人才发展现代化。人才的现代化发展离不开良好的生态圈。浙江积极构建优质的人才发展生态圈，如嘉兴市着力建设人才发展生态圈，建立“智立方”人才创新创业服务综合体，并实施“人才绿卡”项目，持卡者可在创业扶持、安居保障、医疗保健、子女入学、配偶随迁、车驾管理、海关服务、生活旅游、政务协调等16个方面享受优惠待遇。

鼓励技术人才创新，驱动人才发展现代化。实现现代化发展是主要任务，只有不断激发人才创新自觉，驱动产业现代化，推动高质量发展，才能不断取得实效。浙江持续深入推进技能浙江建设，为省内各方面发展提供一大批高技术人才，积极鼓励技术人才驱动创新，创新推动经济高质量发展。

总之，推进人才发展现代化，是新时代促进人的全面发展的根本要求。浙江在现代化的征程中，发挥技能浙江的强大作用，突出人才强省战略，不断通过改革创新，推动人才治理和人才发展现代化，持续在新时代推动现代化一步一个脚印地稳步前进。

## 第二节 数字高地 系统重塑

打造数字变革高地，就是把数字化改革贯穿于经济、政治、文化、社会、生态文明各方面，全方位推进深层次系统性重塑，加快完善实现高质量发展、高水平均衡、高品质生活、高效能治理的体制机制。破除制约高质量发展的瓶颈，提高资源要素配置效率和数字规则话语权。率先形成与数字变革时代相适应的生产方式、生活方式和治理方式，率先创造面向未来、充分彰显中国式现代化道路特征和中国特色社会主义制度优越性的现代数字文明。

### 一、数字赋能，推进职业教育整体智治

浙江是数字政府建设的先行地。2003年，时任浙江省委书记习近平指出，要坚持以信息化带动工业化，以工业化促进信息化，加快建设“数字浙江”。[①]此后，浙江省历届省委始终强调要紧扣“打造数字变革高地”的战略目标，充分发挥浙江改革的突破和先导作用。浙江在全面推进政府整体智治的过程中，通过运用数字技术对政府治理方式、流程、手段、工具进行全方位、系统性重塑，充分发挥浙江改革的突破和先导作用，突出变革重塑，强化争先晋位，以数字化改革引领系统性变革，加快实现“两个先行”。

#### （一）数字化转型，服务职业教育发展

数字化转型已成为未来教育改革发展的时代趋势。目前，我国职业教育数字化转型尚处于起始阶段，推进职业教育数字化转型是为了适应数字经济发展对数字技能培养提出的新挑战、回应国家教育数字化战略行动提出的整体要求、把握数字化赋予职业教育高质量发展的新机遇，这也是落实党的二十大要求“推进教育数字化”的题中应有之义。2023年2月，世界数字教育大会在北京举行，大会论坛以“转型与重塑：数字化赋能职业教育新生态”为主题，围绕职业教育领域数字化应用、数字化治理能力提升等问题，分享世界职业教育数字化实践经验，共商职业教育数字化转型发展大计。职业教育数字化是数字技术手段与职业教育领域的深度融合，终极目的是促进职业教育转型。职业教育数字化转型是要把数字化转型作为职业教育整

① 习近平.干在实处 走在前列：推进浙江新发展的思考与实践[M].北京：中共中央党校出版社，2006：118.

体性、系统性变革的内生变量，用数字化思维破解困局，推动职业教育转型发展，实现大规模个性化培养目标。

当前，浙江正全面推进数字化改革，把数字化贯穿到经济、社会、文化、教育、生态建设的全过程、各方面，职业教育数字化也呈现出突飞猛进的发展态势。国家互联网信息办公室发布的《数字中国发展报告（2022年）》显示，浙江省数字化综合发展水平居全国第一，尤其是在数字基础设施、数字经济、数字政府、数字社会和数字化发展环境等方面的优势极其突出。近年来浙江省加快协同发展数字生态圈建设，推进阿里云“城市大脑”、海康威视“视频感知”等国家新一代人工智能开放创新平台建设，支持之江实验室“天枢人工智能开源平台”、浙江大学“智海”人工智能科教平台等开放共享，这些数字化资源整合与平台建设工程，为浙江职业教育数字化转型与深度建设提供了坚实的技术支撑。

## 拓展

### 浙江开启数字化改革新征程

历史地看，任何一项重大改革的确立，都有一个长期的过程。

“数字浙江是全面推进我省国民经济和社会信息化、以信息化带动工业化的基础性工程。”2003年1月，在浙江省十届人大一次会议上，时任浙江省委书记习近平以极具前瞻性的战略眼光提出要建设“数字浙江”。同年7月，“数字浙江”建设上升为“八八战略”的重要内容。

历史性决策，彰显历史性贡献。

此后，历届省委、省政府锚定“数字浙江”建设，一以贯之抓落实。“四张清单一张网”改革、“最多跑一次”改革、政府数字化转型等重大改革接续推出、次第开花，为浙江发展插上了数字化的翅膀，实现了经济社会双腾飞。

17年后的浙江，已成为中国数字经济的热土。全省建成5G基站6.26万个，建成超大型、大型数据中心20个，“1+N”工业互联网平台体系加快构建。以数字科技创新为关键动力打造高水平创新型省份成效显著，之江实验室纳入国家实验室体系，10个省市级人才创新综合体正式运营，城西科创大走廊正成为面向世界、引领未来、服务全国、带动全省的创新策源地。

17年后的浙江，已成为中国数字治理的典型。政府数字化转型走在全国前列，“8+13”重大项目取得重大成果，改变了传统的人工为主、单部门执行的治理模式，海量数据转化为强大数力，推动政府职能优化、方式转变、效能提升。阿里巴巴、网易、海康威视等知名数字企业不断涌现，数字就业、数字医疗、数字交通、数字教育、数字养老等新业态新生活“飞入寻常百姓家”，数字化制度标准体系初具雏形。

本刊编辑部.数字化改革：开启浙江改革新征程[J].今日科技，2021（3）：5-7.

## （二）数字化改革，推动职业教育新发展

数字化改革，即通过大数据、云计算等信息技术手段，对经济运行情况进行监测和分析，及时给出调整对策，提高监测预警能力，提高政府在宏观经济调控中的前瞻性、针对性和有效性。政府层面的数字化改革，有助于推动职业教育迈上新的发展台阶，最终实现职业教育数字化。

职业教育迎来数字化发展新机遇。2022年国务院《政府工作报告》指出，发展现代职业教育，改善职业教育办学条件，完善产教融合办学体制，增强职业教育适应性。2022年10月，“推进教育数字化”首次写进党的二十大报告。在新一轮科技革命和产业变革发展中，把握职业教育数字化发展趋势、谋划职业教育数字化策略，对推进职业教育数字化转型升级、重塑职业教育新生态具有重要意义。职业教育数字化转型，一方面服务职业教育自身，另一方面服务社会发展。只有职业教育自身实现了数字化转型与创新，才能培养出符合社会需求的具有数字化思维和能力的人才。

职业教育高质量发展面临现实挑战。当前，我国推动职业教育走向数字化发展轨道，主要是基于两点考虑：其一，我国人才供需结构性失衡矛盾较为突出。“十三五”以来，我国经济持续增长，就业总量显著增加，但就业结构亟待优化，就业质量仍需提高。随着我国人口与经济结构的深度调整，劳动力供求两侧出现了较大变化。教育部数据显示，相比职业教育体系较发达的美国、德国，我国高等教育学校输送的研究型人才较多，应用型人才占比仅为44.4%。而同一时期的德国为54.7%，美国为67.6%。目前，我国劳动力市场中专业技能人才总量在整体劳动力中的占比依然偏低，其中高技能人才占技能劳动者的比例仅为30%左右。同时，国内市场对高新产业专业人才需求大，劳动力市场供需不平衡。教育部、人力资源社会保障部、工业和信息化部联合发布的《制造业人才发展规划指南》指出，2025年，信息技术产业高档数控机床、航空航天装备等十大领域人才缺口将高达2985.7万人。数据表明，我国职业教育在人才培养方面还有待进一步提升，想追赶甚至超越发达国家尚需时日。其二，新业态持续涌现使得就业市场对数字人才的需求日益增长。伴随着

全行业数字化的快速推进，数字人才需求缺口还会持续加大。这一现实状况也使得积极探索职业教育数字化新模式成为必然趋势。

积极探索数字化赋能职业教育路径。数字化转型成为职业教育高质量发展的新机遇、新动力。浙江全面贯彻习近平总书记关于数字化改革和职业教育的重要论述，深入落实新修订的《中华人民共和国职业教育法》以及《国家职业教育改革实施方案》等法律法规和重要政策精神，协同推进全省数字化改革方略，积极探索实践数字化赋能职业教育路径，扎实推进职业教育数字化改革工作，努力为推动职业教育高质量发展提供浙江样板。从2021年浙江省委全面部署全省数字化改革工作起，浙江便以支撑职业教育高质量发展为目标，按照“需求牵引、应用为王、成熟先上、技术保障”工作原则，积极构建“大脑+应用+服务+机制”的职业教育数字化深度融合浙江模式，自觉扛起推动现代职业教育提质培优、增值赋能的重大责任，努力开创数字化职业教育新局面，培养更多适应数字时代需求的高素质技能人才、能工巧匠、大国工匠。

一是夯实职教大脑数字底座。“教育魔方”是浙江省教育厅面向全省所有学校和教育部门设计开发的教育数据感知、共享和计算的基础支撑系统，为教育行政机构、学校及公众提供数字化教育服务。自2021年11月上线以来，“教育魔方”初步实现了业务应用一云支撑、教育数据一仓归集、信息安全一网统管、线上线下一码畅学、数据治理一屏呈现、创新应用一站可选，为职业教育决策大脑系统和决策支持中心建设奠定了深厚基础。

二是推动职教特色教学资源的广泛应用。组织职业院校教师基于全省网络学习个人空间建设共享专业教学资源，实现众智共享专业教学资源。组织名师集中开发名师金课、名师教研等示范性优质课程，推动建设数字化、融媒体教材，实现名师共享优质示范资源。组织开展线上线下教学活动，实现共享教学生成性资源。

三是打造职教特色服务场景应用。一方面，积极打造双师型教师培养网络服务应用。通过创建“1+10+N”的名师和技能大师网络工作室的双师型教师培养模式，组建教学团队，将企业的新技术、新工艺、新规范及时纳入教学，将职业资格证书、职业技能等级证书内容及时融入教学，推广项目教学、案例教学、情景教学，广泛应用线上线下混合教学，推动现代信息技术与职业教育深度融合。另一方面，奋力打造个性化网络学习服务应用。依托之江汇教育广场，构建支撑全省一人一空间的职业教育教学网络学习空间，提供空间服务、公共应用服务、数据分析服务，支持资源创建与共享、教学支持服务、学习交互服务、决策评估服务等公共应用服务。

四是培育一批智慧试点示范院校与案例。开展智慧学校试点示范建设，启动省级职业学校信息化标杆学校建设试点，从环境、应用、治理等维度推进先行先试，探索形成可复制能推广的经验，培育形成智慧实训新型空间、教学模式创新、学校整体智治等一批高质量有特色的数字化改革案例和经验，引领示范全省职教数字化改革。

### （三）数字化驱动，提高技能人才培养实效

数字化驱动蕴含革命性意义。数字化驱动在本质上是一场技术革命，需要理念、方法、手段、机制同时到位，更需要协同作战。它是实现职业教育智能化、促进实训基地建设转型、提升技能型人才培育与课堂质量、提高院校数字化管理和决策的关键。办好新时代职业教育，激发数字活力，是职业教育高质量发展的内驱动力。提高技能人才培育的实效，必须以数字化驱动为根基，才能把培育实效落到实处。

数字赋能技能人才培养，推动浙江职业教育迈出数字化改革先行先试步伐。浙江推动职业教育实现新发展，在积极培养一大批新型数字化技能人才过程中，积极推动高职名校、名师、名匠“上云”，形成学校网络共同体、教师网络共同体、校企网络共同体，共享优质教育资源，打造专业品牌和特色社会服务，全面提升职业院校学生的数字化思维和适应数字化工作场景的实践能力。通过开设数字化相关专业和专业数字化改造，实现职业教育和产业人才需求精准无缝对接，增强专业设置和课程体系与行业产业发展的适应性，为经济社会发展提供更强的人才动力；加快虚拟现实、人工智能等新型信息技术在教育教学中的深度应用，构建开放共享的数字化教育体系，积极引入数字教学辅助手段。如，杭州萧山技师学院在教学过程中引入VR进行辅助教学，在汽车维修培训时，学生通过VR模拟整车拆分，让原本枯燥的理论知识变得生动有趣，提升了学生对知识的接受度。

浙江加快推进省职业教育示范性虚拟仿真实训基地建设，以此为依托加快培养符合新时代要求的数字化技能人才，取得了有效进展。浙江机电职业技术学院主动适应“人工智能＋”时代，以“人工智能＋”深度改造传统人才培养模式，已经陆续建成了“国家级示范性数控技术职业教育实训基地”“国家‘十三五’产教融合工程规划项目智能制造及轨道交通实训基地”“国家工程实验室工业设计应用中心”等多个国家级实训基地。这些重要基地为学生在实践中体会数字技术发展、实操数字设备与平台，为日后走向数字化工作岗位奠定了实践基础。

同样，浙江职业院校学生在面对浙江数字转型工作的重要建设时期，只有不断加强学习，使自己具备一定的数字技能，才能适应发展的需求，承担起浙江职业教

育学子的时代使命。具体来说，一是要学习一些基本的数字技能，如数据分析等；二是通过参加实习或项目积累数字化转型的实践经验，掌握更多的实践技能，如参加有关人工智能的比赛，挑战更高难度的问题。总之，职业院校学生需要积极投入数字化转型，不断学习和拓展自己的数字技能，这样才能更好地应对未来发展的机会和挑战。

### ◎案例4-3

#### 一个超级APP的炼成

"浙里办"，伴你一生大小事。2014年6月25日，浙江政务服务网正式运行，同年8月，其手机客户端应用上线（为更贴近用户，后被命名为"浙里办"）。一个旨在提供全天候政务服务的线上平台就此建立。

在数字世界中，人们把拥有庞大用户数、众多场景功能的APP称为超级APP。作为浙江数字化改革面向企业、群众的总入口，"浙里办"无论是用户规模还是场景功能的丰富程度，均处于全国领跑位置，堪称政务服务的超级APP。从办事看脸面，到办事看界面，"浙里办"悄然改变着浙江政务服务模式。

刘杲劼是杭州市余杭区未来科技城一家甲级结构设计事务所的负责人，他在2017年注册成为"浙里办"的用户，当时主要是为了查询住房信息等简单业务。2021年，他开始使用"浙里办"办理事务所股东变更等较为复杂的事项。"全程无纸化，相关部门一次都没有跑，体验非常棒。"刘杲劼说。

查询公积金、报名车牌指标申请、领取职称证书……如今，"浙里办"成了刘杲劼的常用APP之一，"有了依赖感"。近三年来，像刘杲劼一样被"浙里办"圈粉的用户越来越多。"浙里办"上线8年间集成1500余个便民惠企应用，注册用户超8200万。特别是数字化改革以来，日活跃用户量大幅增加到280万，这是数字化改革带来的显著变化。

施力维，金春华.一个超级APP的炼成[N].浙江日报，2022-07-25（3）.

## 二、数字添翼，建设智能制造人才平台

当前，数字化浪潮方兴未艾，以大数据、云计算、人工智能为代表的新一代数字技术日新月异，催生了数字经济这一新的经济发展形态。多年来，消费互联网的

充分发展为我国数字技术的创新、数字企业的成长以及数字产业的蓬勃发展提供了重要机遇。伴随着数字技术的融合应用以及我国供给侧结构性改革的不断深化，加快数字技术与实体经济的融合发展已成为共识。党的二十大报告明确提出，要加快发展数字经济，促进数字经济和实体经济深度融合，打造具有国际竞争力的数字产业集群。

### （一）乘势而上，推进产业“数字智造”转型

数字技术运用是推进传统产业变革的重要途径。对于传统产业而言，从“中国制造”到“中国智造”，是利用数字技术进行全方位、多角度、全链条的改造过程。通过深化数字技术在生产、运营、管理和营销等诸多环节的应用，实现传统制造产业层面的数字化、网络化、智能化发展，不断释放数字技术对经济发展的放大、叠加、倍增作用，是传统产业实现质量变革、效率变革、动力变革的重要途径，对推动我国经济高质量发展具有重要意义。

数字化改造是“智能制造”转型的助推器。数字化改造必须“促进数字技术和实体经济深度融合，赋能传统产业转型升级”。推动传统产业转型升级是建设制造强国的重要任务之一。近年来，互联网、大数据、云计算、人工智能、区块链等技术加速创新，为传统产业转型升级提供了新机遇。加快数字化改造，是推动传统产业焕发新活力、释放新潜能的重要途径，也为浙江职业教育发展提供了新的方向，即主动参与建设数字技术高效供给体系。通过有效提升原创技术及基础理论研究创新水平，培育建设一批优势特色学科和专业，从而推动传统产业的数字化基础研究以及重大数字技术攻关，最终实现传统产业的数字化改造。

解决数字创新应用人才紧缺问题，培养什么样的数字创新人才，按照什么标准去培养，这对当前浙江职业教育提出了新的课题。这需要浙江的职业教育在充分考虑企业对人才能力需求的基础上，对各级数字技能人才的专业能力以及业务运营、风险管控等能力作出界定，积极推动数字专业技术人才与各传统行业的融合。通过深化校企合作、政企合作，建设企业大学、企业培训基地等方式，开设相应的培训课程，为培育既精通信息技术又熟悉经营管理的人才队伍创造条件、提供平台，进而更好地发挥行业协会、培训机构、咨询公司等在数字技能人才培育中的作用，促进数字技能人才培育体系的形成。

大力推进传统产业数字化改造，为数字创新人才的引进、培养提供良好的政策与发展环境。提高政策精准度，统筹研究制定相关政策及配套措施，整合财税、金

融、人才、土地等方面的政策力量，全力推动传统产业数字化转型。在财税支持方面，强化财政专项资金统筹，引导各级财政资金加大对传统产业数字化转型的投入，加强对数字经济领域重大平台、重大项目及试点示范的支持；探索成立传统产业数字化发展基金，推动各级政府产业基金按照市场化运作方式，与社会资本合作设立数字经济发展相关投资子基金；积极落实数字经济领域惠企政策，确保落地见效。在人才要素方面，完善人才激励机制，支持开展股权激励和科技成果转化奖励试点。此外，加强传统产业数字化转型在用地、用能、排放、创新等方面的要素资源优化配置和重点保障。

## ◎ 案例4-4

### 整合优势资源，聚力浙江省公路数字化转型升级

为贯彻落实交通强国战略和“数字浙江”建设战略，进一步提升浙江省公路运营管理的科技攻关能力和应用推广水平，提高公路的智慧管理能力和服务水平，浙江交通职业技术学院充分发挥专业和人力优势，整合资源，聚力浙江省公路数字化转型升级。

一是打造数字公路领域的成果转化中心。服务公路行业和经济社会的发展，充分发挥数字公路中心在信息、科技、企业、人才等方面的资源优势，面向行业上下游企业、高校、科研机构、投资基金等创新主体，建立科研成果转化渠道，搭建科研成果转化平台，整合技术、人才、服务和资本等多方资源，推进科技成果的商品化和产业化以及高科技企业的孵化，实现产业链、服务链、人才链和资金链等方面的精准对接，为科技创新的“最后一公里”提供坚实保障。

二是打造数字公路领域的人才培养中心。建立和完善人才培养机制，通过校企（行业）协同，以内部培养和外部交流等方式，建设一支数字公路领域重点科技创新团队。培养若干能独立主持和开展公路智能施工、智慧养护、运维动态安全监测、智慧管理和服务等方向的学科负责人，成长一批具有创新精神和国际视野的高水平科研骨干。同时以中心为依托，为企业培养具有较强专业能力的工程技术管理人员，为社会培养数字公路技术技能人才。

三是打造数字公路领域的技术创新中心。基于数字公路施工、养护、管理等的需求，围绕“路面结构新材料、新技术、新工艺，桥面铺装，高等级公路路面养护，路面施工质量控制，桥隧健康状态检测和监测，桥隧加固，智慧路网，智慧监管”等方面开展科技创新研究，突破关键技术瓶颈，攻克应用研究难题，进一步提升我国在数字公路领域的科技攻关实力，增加我国交通运输建设发展的科技含量，为公

路行业、交通事业又快又好发展提供强有力的科技支撑。

周志国，于心怡.浙江交通职业技术学院：数字化赋能，让公路领域“数”业有专攻[J].今日科技，2021（10）：56-57.

## （二）向梦而行，开辟智能制造新天地

智能制造以提高国家竞争力为核心，关注整个制造业管理水平的提升，结合智能工厂、智能服务、大数据系统等方面来实现精益管理。《中国制造2025》提出，加快机械、航空、船舶、汽车、轻工、纺织、食品、电子等行业生产设备的智能化改造，提高精准制造、敏捷制造能力。统筹布局和推动智能交通工具、智能工程机械、服务机器人、智能家电、智能照明电器、可穿戴设备等产品研发和产业化。发展基于互联网的个性化定制、众包设计、云制造等新型制造模式，推动形成基于消费需求动态感知的研发、制造和产业组织方式。

数字产业化要加快发展先进制造业集群，壮大数字经济、智能制造、生命健康、新材料等战略性新兴产业，推动中国智能制造产业发展进入高品质时代，即“产业大脑”与“未来工厂”时代。

“产业大脑”让智能制造产业建设有了理论支撑。产业大脑是以数据为核心的产业治理和创新服务基础设施，是推动实现产业数字化和数字产业化的底层支撑系统，旨在打造“创意—团队—产品—市场—演练”链条式全生命周期的“大数据创新支撑产业发展的服务平台”，以及全要素、低成本、敏捷化、成功率高、开放式产业服务平台，构建全流程标准化创新创业载体，为创新产业高效发展提供数字化解决方案。浙江的“产业大脑”正在建设过程中，如宁波坚持边谋划、边推进、边总结的建设原则，形成了市县联动、试点先行、协同推进的建设模式。

“未来工厂”让智能制造产业建设有了实践途径。它是指广泛应用数字孪生、人工智能、大数据等新一代信息技术革新生产方式，以数据驱动生产流程再造，以数字化设计、智能化生产、数字化管理、绿色化制造、安全化管控为基础，以网络化协同、个性化定制、服务化延伸等新模式为特征，以企业价值链和核心竞争力提升为目标，引领新智造发展的现代化工厂。“未来工厂”就是新一代信息技术与先进制造业充分融合打造出的智能制造的标杆企业。目前，智能生产的侧重点在于将人机互动、3D打印等先进技术应用于整个工业生产过程，并对整个生产流程进行监控、数据采集，便于进行数据分析，从而形成高度灵活、个性化、网络化的产业链。为适应智能经济社会工作方式的深刻变化，适应智能化生产对技术技能人才的迫切需

求，职业教育中的“产赛教”融合育人模式必须实现智能化升级。只有顺应时代的科技潮流，充分发挥人工智能作为“代具”的增效赋能之利，结合数字孪生技术搭建支撑“产赛教”智能融合的智慧教育平台，通过基于智慧教育平台的智慧教学、智慧实训、智慧技能大赛等智能化教学与实践活动，才能让学生充分体验复杂真实的智能化生产情境与过程，并在不断的学习体验与反思总结、理论内化与实践应用中，逐渐培养起智能化生产情境急需的人机协作技能和复杂问题解决技能，促进浙江职业教育“产赛教”融合模式更好地适应智能经济社会的多元需求。

职业院校学子需要从自身的学习和发展出发，积极学习数字化转型相关的知识和技能，掌握先进的数字技术和数据分析方法，从而为浙江智造强省建设提供有力的人才支持。职业院校学子也可以积极参与企业实践或者科研项目，发挥自身的知识和技能优势，为数字化转型提供切实可行的解决方案和技术支持，为浙江智造强省建设注入新的动力。职业院校学子还可以通过与其他行业或领域的团队合作，加强业务之间的联动，形成更加完整、高质量的数字化产业链，从而推动浙江智造强省建设不断前行。

## 三、数字引领，打造科创技能人才高地

党的二十大报告指出，我们要坚持教育优先发展、科技自立自强、人才引领驱动，加快建设教育强国、科技强国、人才强国，坚持为党育人、为国育才，全面提高人才自主培养质量，着力造就拔尖创新人才，聚天下英才而用之。职业教育担负着科创技能人才培养的重任。中国职业技术教育学会会长鲁昕在首届世界职业技术教育发展论坛上指出，中国职业教育在当今世界形势下开启了新征程，展示了新平台，同时迈入新起点。用数字化转型的思路、理念、方法、路径来研究职业教育的新变化、新方式和新技能，是非常有意义的。

### （一）推动高质量发展，亟须推进数字人才培养

在新修订的《中华人民共和国职业分类大典（2022年版）》中，首次标识的97个数字职业让人耳目一新，比如数据分析处理工程技术人员、数字化解决方案设计师、数字孪生应用技术员等，新增的数字职业数量占新修订新增职业数的61%，占职业总数的6%。数字职业种类的明显增加，折射出中国数字经济快速发展的趋势，也反映了新业态对数字化技能人才素养的新需求。新技术领域人才需求旺盛，对从业者的知识、素养和数字技能也提出了更高要求，因此打造数字技能人才的“成长

摇篮”，是适应数字经济发展和产业升级的必然要求。

国家《“十四五”数字经济发展规划》提出，到2025年，我国数字经济核心产业增加值占国内生产总值比重达到10%。但我国现阶段数字化人才缺口有1100万人左右。为此，我国职业教育全面推进数字化建设，使人才培养能更好地适应数字经济变革所需。我国高职院校面向数字化的人才培养模式转型，是其主动适应国家经济产业格局变化，为经济社会培养大批新型数字化能工巧匠、大国工匠的重要举措。

### （二）数字化改革促进数字技能人才培养

浙江省是全国数字化改革的先行地区，近年来浙江省充分应用职业教育特色资源，打造职业教育特色服务产品，培育一批智慧试点示范院校，积极探索数字化赋能职业教育的新路径。

推动数字技能人才培养体系建设。面对数字经济快速发展的实践，各地给予高度重视并出台了相关政策和各类激励措施，探索出了一条数字技能人才培养路径。从开设电子商务、流媒体运营师、短视频制作、新媒体营销等专业，为产业的数字化转型“精准”输送人才；到推出电子商务专业岗位数字技能培训，为电商行业提供专业技术人才；再到开办人工智能训练师新职业师资班，探索建设“智能+技能”数字技能人才培养试验区。浙江省紧扣新时代数字经济发展的脉搏，适应产业发展对数字技能人才提出的新要求，通过多种方式探索人才培养途径，及时出台各种鼓励政策，推动数字技能人才培养体系建设。

推进职业教育数字化建设。面对数字产业就业结构性矛盾和数字人才短缺等问题，职业教育要瞄准数字技术前沿，加快专业升级改造，布局一批新兴专业，增强技术技能人才的数字化核心能力。要促进教育链、人才链与产业链、创新链有效衔接，大力推进产教融合、校企合作。通过与龙头企业共建新兴专业学院，进行数字化产业及产业数字化专业群布局，开设数字技术课程并纳入人才培养方案；采用新型数字化手段和教学方法，共建优势专业与师资队伍，共研专业标准，共同开展技术攻关，共推实习就业与社会服务，推动产业教授进校园、产业资源进专业、产业先进技术进课程、产业实战项目进课堂。

积极开展数字技能类职业竞赛。开展数字技能类职业竞赛是提升数字技能人才素质活力、激发数字技能人才创新激情的重要举措。职业教育要充分发挥职业技能竞赛促进技能人才培养选拔的引领作用，为培育各类数字技能人才提供“练兵场”，要不断探索数字技能职业竞赛，不断完善遴选机制、健全竞赛体系、鼓励申报机构多元化、加大竞赛激励力度，继续为数字技能人才学习技术、展示才能、脱颖而出搭建平台，推动数字技术领域里形成学习高技能人才、崇尚高技能人才、争当高技能人才的浓厚氛围。

打造数字技能人才的“成长摇篮”，已成为中国高技术人才队伍建设的重要一环。加强新时代高技能人才队伍建设，围绕建设网络强国、数字中国，不断提升数字技能人才的数字素养与技能水平，不断推动数字技能人才培养体系建设，推进职业教育数字化建设，积极开展数字技能类职业竞赛，多措并举提升数字技能人才质量，不断推进数字经济新业态发展。

### （三）全域创新，铺就科创技能人才培养高地

随着工业信息化、智能化转型的深入发展，中国职业教育紧盯数字技术前沿，加快专业升级改造，布局一批新兴专业，提升数字技能人才的培养力度，增强技术技能人才的数字化核心能力。改革创新是时代精神之“魄”，承载着我国创新驱动发展的强大精神力量。坚持创新制胜的理念，根本是要让创新融入民众心态，培育一种为创新灌注活力与生机的文化，让创新发展成为全社会的价值追求。敢为人先的创新精神作为一种文化基因，已深深融入浙江人的血液里。推进创新制胜，必须持续弘扬创新文化，倡导敢闯敢创、勇于冒尖的创新精神，鼓励基层大胆探索、积极创新，引领带动形成鼓励创新、宽容失败的创新文化和浓厚氛围，构建“人人讲创新、处处有创新、时时在创新”的生动局面。

打造科创高地就是浙江创新驱动发展的生动实践。浙江省构建以实验室为引领的科技力量，建立了之江、西湖、甬江、良渚、湖畔、瓯江、白马湖、东海和天目山等九家省级实验室，助推浙江“最前沿科学发布地、最先进技术展示地、最创新人才汇聚地”建设，形成澎湃有力的高质量发展新动能。作为浙江创新技术应用人才培养重要阵地的浙江职业院校，要在人才培养、专业发展过程中始终保持对三大科创高地建设的关注度。

### ◎案例4-5

#### 甬江实验室——七大科研成果集中亮相

5月21日下午，甬江实验室的中科院宁波材料技术与工程研究所（简称中科院宁波材料所）举行第十八届公众科学日活动暨“五三〇”浙江省实验室开放日活动。这也是此次省实验室面向公众开放展示的第一场活动。

中科院宁波材料所成立于2004年，是中科院在浙江省设立的首家直属研究机构。自成立以来，中科院宁波材料所紧密结合全球科技发展趋势和国家创新驱动发展战略，先后布局新材料、先进制造、新能源、生物医学工程四大研究领域，逐渐形成了材料应用链、科研技术链、人才培养引进链相辅相成、“三链融通”的科学布局，成为新材料及相关领域的重要研究基地和技术提供者。

当天，弹性传感器及其可穿戴器件、高稳定钴基永磁材料、柔性有机太阳能电池、CFR600快堆组件高强韧金属防护材料和技术、面向帕金森病步态康复训练的增强现实眼镜等七项科技成果通过云上直播集中亮相。中国工程院院士薛群基、中国科学院院士柴之芳分别作主旨报告，中科院宁波材料所的青年科研人员则围绕求学、科研和生活开展了圆桌论坛活动。

在磁性材料领域，李法利博士向观众展示了由柔弹性功能材料制成的发热手套及其他可穿戴式设备。该成果使用了中科院宁波材料所自主研发的大形变、高电流输出的自供电弹性应变传感器，能够完全满足运动健康监测对透气电极和自供电传感器的需求。目前已经成功应用于智能服装和智能家居等领域。

丁勇研究员则向观众介绍了高稳定钴基永磁材料。此类材料突破了高端稀土永磁在微观结构精细化调控技术方面的瓶颈，实现了我国对此类材料制备的自主可控。目前已经在城市轨道交通的牵引动力系统和航空、航天的制导和惯导系统中大显身手。

在涉海极端环境使役材料领域，蒲吉斌研究员为观众介绍了CFR600快堆组件高强韧金属防护材料和技术。该技术成功攻克了高强韧与耐磨蚀一体化铁镍基高温合金稀土调控渗铬固溶氮化复合改性及大尺寸薄壁动导管控形控性难题，为解决快堆组件合金强耦合损伤和高安全防护提供系统解决方案，实现薄壁动导管进口替代。

成果展示后，中科院宁波材料所举行了甬江讲坛活动。薛群基院士和柴之芳院士分别作了题为《创新海洋材料技术　助力海洋强省建设》和《绿色清洁能源——核能》的主旨报告。

叶扬.走进省实验室触摸三大科创高地[N].科技金融时报，2022-05-27（2）.

## 第三节　诗画江南　活力浙江

浙江省第十五次党代会报告提出，要使彰显浙江深厚历史底蕴的文化标识和“诗画江南、活力浙江”省域品牌更加鲜明，生动展示浙江的形象和气质。“诗画江南”展现了浙江的生态之美、人文之美；“活力浙江”则让人联想到浙江经济发展和科技创新的蓬勃姿态。这八个字，不仅是浙江山水之秀、人文之美、创新之魂的充分彰显，更是浙江精神、浙江文化、之江匠心的高度凝练和集中展示，共同促进职业教育的发展。

## 一、诗路文化带展现匠心神韵

浙江在全国率先提出诗路文化带建设，以诗（诗词曲赋）串文（文化），用诗歌破题文旅融合、整合文旅资源，将百处诗路特色节“点”串珠成“链”。整个诗路文化带在浙江大地上构成形似金文字形“文”（）的诗路文化版图，生动展示了浙江诗画山水的匠心神韵，为新时代文化浙江和美丽浙江建设擦亮生态底色，为浙江经济社会发展注入不竭的动力源泉。

### （一）天工造物蕴匠心

诗路文化带蕴含之江匠心。诗路文化带以主要水系、古道和现代交通为纽带，勾勒出浙江诗路文化的诗人行迹图、水系交通图、浙学学脉图、名城古镇图、遗产风物图等“五幅地图”，“以诗（诗词曲赋）串文”“以路（水系古道）串带”，分别绘就浙东唐诗之路、大运河诗路、钱塘江诗路、瓯江山水诗路等“四条诗路”。这“五幅地图”和“四条诗路”既是一种天然成画，又蕴含着代代相传的之江匠心。

之江匠心既是一种信仰，也是一种情怀。之江匠心作为一种信仰，包含着中华文明天人合一、道法自然的宇宙观，包含着对自然界和人类社会发展规律的深刻认识，包含着对“工艺”神圣性的执着坚守和信念上的坚定不移；之江匠心也是一种情怀，是工匠处事、面对世界、面对工艺的一种自信，是天、地、人三者中，人傲立世间的一种蓬勃的人性情怀。

### （二）精雕细琢绘蓝图

绿色生态蓝图凝聚拳拳匠心。党的二十大强调，中国式现代化是人与自然和谐共生的现代化。浙江省第十五次党代会提出，牢牢把握让绿色成为浙江发展最动人色彩的要求，高水平推进人与自然和谐共生的现代化，打造生态文明高地。通过深入挖掘历代文人留下的万千诗词名篇，科学梳理浙江历史文化地理脉络，创造性地将丰厚的诗词文化与秀美的自然风光结合在一起，以诗词为线索，打造了四条诗路文化带，推进了优秀传统文化的活化、物化和升华。同时，诗画山水赋能旅游产业，将历史、文化、生活、生态有机融合，形成一条条诗情画意的山水旅游线路，铺陈出一幅展现生态浙江成果的生动画卷，为浙江高质量发展增添绿色动力。这幅画卷既展示了生态之美，也使绿色发展理念落实落地。在梳理文化地理脉络和打造四条诗路文化带的历程中凝聚了浙江人精雕细琢、开拓创新的拳拳匠心。

### （三）活力浙江育工匠

“诗画”之美是“活力浙江”的再现。“活力浙江”发轫于浙江人民始终秉承的富于创造力的文化基因与传统，展示了改革开放以来浙江经济社会的发展状态，充分体现了浙江省域的精神品格、历史底蕴、文化内涵以及实践特色和时代特征。第一，从历史轨迹看，浙江的历史就是一部充满生机活力、不断超越自我的发展史、奋斗史、创新史。第二，从文化底蕴看，“活力”在浙江有着深厚的思想基础，彰显了浙江人民善于“闯”、勇于“试”、敢于“冒”的基因传承。第三，从精神动力看，“活力”是浙江精神的具体化，始终激励浙江人民干在实处、走在前列、勇立潮头，与浙江省第十五次党代会提出的“两个先行”的目标相契合。

职业教育助力省域文化品牌。在打造“诗画江南、活力浙江”省域品牌过程中，职业教育坚持绿色发展理念，弘扬求真务实、诚信和谐、开放图强的浙江精神。从人才培育、技术创新、文化传承、社会服务等方面为高质量发展提供全面支持；在专业设置、课程建设、人才培养中既要立足于服务地方经济发展，又要着眼于国家发展大局，为党育人，为国育才，培养德技双修的大国工匠、能工巧匠。

## 二、富春山居图绘就美好生活

民族要复兴，乡村必振兴。浙江省第十五次党代会首次提出了“高水平推进人与自然和谐共生的现代化，打造生态文明高地”的任务，第一次明确提出打造“诗画江南、活力浙江”这一省域品牌。通过美丽乡村建设全面推进乡村振兴，扎实推动乡村产业、人才、文化、生态、组织振兴。浙江作为《富春山居图》的原创地、实景地，在生态文明建设、推进乡村振兴进程中“干在实处、走在前列、勇立潮头”。职业教育在乡村振兴中大有可为。绘就现代版“富春山居图”，要以共同富裕的高品质生活为标志，以高质量生产发展为基础，以高水平生态治理为保障，更要依靠浙江的广大职业院校学子为美好乡村生活汇入活力元素，提供知识和技能支撑。

### （一）职教融入，助力乡村人才振兴

现代版“富春山居图”是浙江美丽乡村建设的现实画卷。农村既是职业院校重要生源地，也是人才就业与创业的“蓝海”。以职业教育提升农民群体的发展能力，培养更多年富力强、能扎根农村、懂现代农业的多能型、专业型人才，既可以实现“扶志”“扶智”“扶业”协同发力，阻断贫困代际传递，又可以为乡村发展和稳定提供强大内生动力。绘就浙江现代的美好生活画卷，需要广大职业院校青年学子投身其中。在我们身边，一些人靠一技之长摆脱贫困，一些人靠技能走上创业路和富裕路。可以说，职业教育改变了很多人的命运，让很多人实现了梦想。不仅如此，职业教育与国家发展也息息相关。从“两弹一星”，到大飞机、大火箭等国之重器的铸造，无不得益于职业院校毕业生的技能之手；从托幼到养老，从生产、销售到物流，无不得益于职业院校学生提供的产品服务。今天，正是依靠掌握“5G”“数字经济”“互联网＋”等精进技术的广大职业院校青年学子的技能支持，职业教育助力乡村振兴大有可为，现代版“富春山居图”终将完美绘就。

人才振兴是乡村振兴的重要支撑。乡村人才振兴不仅仅需要有情怀、有素质、有活力的青年人，更需要有知识、懂技术、善管理、会经营的实干型人才。职业院校很多专业具有鲜明的地方性特征，培养的专业型人才，不仅在对口专业领域为乡村发展发挥重要作用，还能根据时代的发展进行创新，这与乡村人才振兴之间有着高度的契合。杭州科技职业技术学院为培养出既能脚踏实地，又能眺望市场和未来的“新农人”，坚持“融合发展、务实管用”的培训原则，精准化推出“助推农村电商和乡村旅游发展”“乡镇企业高技能人才培训”“农村电商人才培训”“新型职业农民培训”“民宿提升改造设计”等一系列与区域农业产业转型升级相匹配的培训课程，并充分发挥“杭科院创业园”作为“杭州市科技企业孵化器”和“大学生创业园”的平台作用，以及在乡镇科技型小微企业孵化、青年创新创业和农村电商发展中的作用，有力地提升了农民的从业技能和致富能力。

### （二）产教融合，推动产业振兴

职业教育服务打造现代版“富春山居图”。职业教育以产教融合、校企合作为特色办学模式，通过直接对接乡村主导产业，发挥激活农村产业活力的“提速器”作用，推动产业转型升级和产业链整体迭代提升，提高乡村发展质量和效益，实现“消薄增收”和“强村富民”，夯实乡村振兴的物质基础。职业教育一头连着学生，一头连着企业和行业，其所承担的社会责任，便是为行业输送企业所需求的高素质

技能型人才。

职业教育通过服务产业兴旺赋能乡村振兴。浙江商业职业技术学院依托餐饮专业技能，赋能相关产业。如与嵊泗县合作把贻贝打造成了国宴菜单产品，为近6000名渔民进行了职业技能培训，让嵊泗贻贝在育苗、养殖、加工、运输以及销售等全产业链上实现数字化转型；与新昌县合作“浙东天姥唐诗宴”，把“飞流直下三千尺”“满城尽带黄金甲”“越女天下白”等诗词与美食相结合，打响“诗画浙江·百县千碗”的美食品牌；与磐安开发“游十八涡　品十八锅”助农项目，对尖山镇文化内涵、特色原材料、乡土菜等内容进行系统研究，整合开发具有当地特色的十八道原乡菜，打造富有特色的乡土文化旅游，在全镇农家乐中普及推广，培训农家乐业主，让每户农家乐每日增收百余元。

产教融合增强职业院校学生的适应性。聚焦城乡发展不平衡不充分问题和农民急难愁盼问题，深化职业教育供给侧结构性改革，主动适应乡村新产业新业态的发展需求。浙江职业院校在学科设置上实施“1+N”融合发展模式，“1”是对接乡村主导产业的主导专业，“N”是与主导产业关联的若干专业，按照“产业群—职业群—专业群”的产业与职业教育的内在逻辑组建高水平专业群。如许多职业院校已开始着力在茶叶、柑橘、蚕桑等精品农产品和浙系特产上做强做优，在电商助农、发展智慧农业和绿色农业上加大探索，在推动乡村旅游和村庄提升、加快发展设施农业上多出成果，在乡村传统技艺传承等方面打造品牌。在培养方式上，推行中国特色学徒制，探索形成“学校+企业+乡村”合作育人模式，开发“项目+创新+创业”行动育人载体，延展“校园+庭园+田园”联动育人课堂，培养有知识、善管理、懂经营的高素质技术技能人才，为农业农村现代化提供人才支撑。

## 拓展

### 《乡村建设行动实施方案》工作原则

尊重规律、稳扎稳打。顺应乡村发展规律，合理安排村庄建设时序，保持足够的历史耐心，久久为功、从容建设。树立正确政绩观，把保障和改善民生建立在财力可持续和农民可承受的基础之上，防止刮风搞运动，防止超越发展阶段搞大融资、大拆建、大开发，牢牢守住防范化解债务风险底线。

因地制宜，分类指导。乡村建设要同地方经济发展水平相适应、同当地文化和风土人情相协调，结合农民群众实际需要，分区分类明确目标任务，合理确定公共基础设施配置和基本公共服务标准，不搞齐步走、“一刀切”，避免在“空心村”无效投入、造成浪费。

注重保护，体现特色。传承保护传统村落民居和优秀乡土文化，突出地域特色和乡村特点，保留具有本土特色和乡土气息的乡村风貌，防止机械照搬城镇建设模式，打造各具特色的现代版“富春山居图”。

政府引导，农民参与。发挥政府在规划引导、政策支持、组织保障等方面作用，坚持为农民而建，尊重农民意愿，保障农民物质利益和民主权利，广泛依靠农民、教育引导农民、组织带动农民搞建设，不搞大包大揽、强迫命令，不代替农民选择。

建管并重，长效运行。坚持先建机制、后建工程，统筹推进农村公共基础设施建设与管护，健全建管用相结合的长效机制，确保乡村建设项目长期稳定发挥效用，防止重建轻管、重建轻用。

节约资源，绿色建设。树立绿色低碳理念，促进资源集约节约循环利用，推行绿色规划、绿色设计、绿色建设，实现乡村建设与自然生态环境有机融合。

中共中央办公厅 国务院办公厅印发《乡村建设行动实施方案》[EB/OL].2022-05-23.http://www.gov.cn/gongbao/content/2022/content_5695035.htm.

### （三）专业融通，聚力生态振兴

职业教育在乡村振兴中大有可为。作为与区域经济社会发展关系最为紧密的类型教育，在助力乡村振兴战略、打造现代版“富春山居图”过程中大有可为、大有作为。浙江职业教育基础扎实，与地方经济社会发展紧密结合，自觉承担起乡村振兴的重要使命。职业教育直接对接乡村主导产业，激发农村产业活力，提高乡村发展质量和效益，夯实乡村振兴的物质基础。职业教育为乡村振兴培养多能型、专业型、实用型人才，提升农民群体的发展能力，为乡村稳定和发展提供强大内生动力，有助于全面推进乡村振兴战略的末端落实。不断激活“美丽动能”，在生态环境优美、生产生活方式绿色、资源高效清洁利用、人民幸福生活等方面形成了大批“美丽成果”。

专业建设赋能美丽浙江。美丽浙江既要有“洁净宜居、诗画风情”的美丽小镇，更少不了“田园风光、最忆乡愁”的美丽乡村；尤其是农村污水治理、垃圾分类管理等，更是打造美丽乡村的关键环节。围绕农村污水治理，浙江职业院校的广大学子们通过学习环境工程等专业，进入浙江农村水环境治理领域的知名企业，参与了“农污治理1+X”专业联盟，在校企共同培养中，成为农村污水治理及运维的高素质高技能人才，为浙江省农村生活污水治理设施运维管护提供了人才支撑。如浙江建设职业技术学院教师积极开展农村污水治理的技术服务活动，积极开展“十镇百村”美丽服务工程，先后在20余个乡镇开展农村污水整治技术服务活动，改善农村人居环境，为建设美丽宜居乡村提供技能支撑和技术服务。围绕垃圾分类，该校牵头编制浙江省《城镇生活垃圾分类管理信息系统技术标准》，助力全省垃圾分类工作；同时，还充分发挥上虞校区的办学优势，与绍兴市上虞区垃圾分类管理部门和上虞区综合行政执法部门合作，协同在上虞办学的其他高校，合作共建了“上虞区城乡生活垃圾分类管理研究院”，共同围绕垃圾分类开展技术研究和技术服务等工作，助推“品质上虞”建设，促使上虞区获得浙江省垃圾分类先进区（县）荣誉称号。

## 案例4-6

### 共建“乡村振兴示范点”，共绘现代版“富春山居图”

2019年，杭州科技职业技术学院和杭州市富阳区共建“杭州乡村振兴学院”，结合学校办学资源优势和地区打造现代版“富春山居图”示范区的实践经验优势，融人才培养、政策研究、示范建设“三位一体”，校地携手，推动落实浙江省高质量发展建设共同富裕示范区的历史使命，助力乡村振兴和共同富裕事业的发展。

杭州乡村振兴学院重点开展农村电商、乡村旅游发展等各类技术技能培训、乡镇基层干部和幼儿园师资培训、农村成人学历教育及非学历培训等系列人才培养；以杭州市乡村振兴研究中心为平台，整合学院与富阳区的科研力量，开展乡村振兴应用对策研究；依托校地共建的创新创业产业园，智力支持乡村建设，扶持孵化科技创新型小微企业，开展大学生创新创业活动，助推区域经济转型示范建设。

自成立以来，杭州乡村振兴学院为省、市、区培养了各类乡村振兴人才，承担多项乡村振兴研究课题，组织师生开展美丽乡村设计、建设和改造，服务乡村发展。学院始终坚持分类分层实施乡村人才培训，聚焦主题开展乡村振兴应用研究，形成一系列可复制、可推广的先进理念与经验，稳步推进乡村振兴示范点建设，全力助推新时代杭州美丽乡村建设。

夏村，张向瑜.杭州乡村振兴学院与富阳东洲共建“乡村振兴示范点”[N].
杭州日报，2021-10-12（11）.

## 三、宋韵国风传承工匠精神

习近平总书记指出："优秀传统文化是一个国家、一个民族传承和发展的根本，如果丢掉了，就割断了精神命脉。"[①]宋韵是从宋代传承下来的文化底蕴和精神气质，是具有中国气派和浙江辨识度的重要文化标志。宋韵文化作为中华传统文化的重要组成部分，被国内外史学界誉为中国传统文化的高峰，对同时代的世界产生了深远影响。宋韵文化在中华优秀传统文脉中独树一帜，其独有的器物文化、制度文化蕴含着中国古代工匠的勤劳智慧，也构成了当今工匠文化的客观情境，是新时代浙江职业教育高质量发展的力量源泉。新时代，贯彻浙江省委、省政府关于弘扬宋韵文化的指示精神，坚持对宋韵文化进行创新性发展和创造性转化，有利于增强文化自信。

### （一）宋韵文化：中华文化的典型代表

宋韵文化代表一种千年匠心的传承。宋韵代表着一种雅正的审美文化，本色而自然，在平易中见颜色、见才华、见创意。宋代文化开始世俗化、大众化，人人都有权利享受文化、创造文化。特别是科举制开始规范化、普及化，一方面构建起了一个广泛的士大夫群体，形成了"先天下之忧而忧，后天下之乐而乐"的家国情怀和时代担当精神；另一方面加速了社会阶层间的流动，使雅俗文化互动发展，形成了雅俗共享的市民文化、社会文化。

宋韵文化彰显浙江的诗意底蕴。宋韵文化作为具有中国气派和浙江辨识度的重要文化标识，是打造"诗画江南、活力浙江"省域品牌的浓重笔墨。"韵"本为中国古代审美范畴之一，而宋韵文化之"韵"则具有更丰富的内涵，既包括宋代辉煌的文学艺术的风韵，也涵盖宋代人格气象的神韵，更指向宋代时代精神的气韵。宋韵文化的意和韵，渗透在"致广大而尽精微"的境界中，也体现在"焚香点茶，挂画插花"的闲致里。以雕版印刷为例，这种印刷术发端于隋唐，兴盛于两宋。宋代的雕版印刷在原料选择、雕刻手法、排版装帧上均较前代大为提高，其中，杭州雕版印刷又以精良的刻工和独到的技法位列上乘。宋人叶梦得称赞道："今天下印书，以杭州为上。"这正是精益求精工匠精神的真实写照。中国工匠强调以己度物、缘心感物，强调用沉静之心去感知和体贴世界，强调技术上的得心应手；工匠精神还是一

① 习近平.在纪念孔子诞辰2565周年国际学术研讨会暨国际儒学联合会第五届会员大会开幕会上的讲话[M].北京：人民出版社，2014：11.

种态度，也是一种操守。中国工匠从来注重职业道德，强调遵循道德原则的端正品德和行为，如不作假、不欺世、不懈怠、不苟且，强调安分守己、以诚相待、尽善尽美……总之，中国传统工艺领域的工匠精神很丰富，还有更多的内涵。

### （二）文润韵致：让宋韵文化厚植新时代工匠文化

宋韵文化的源头活水。宋韵文化以包括两宋的“宋时代”为其基本载体。宋韵文化不仅产生于两宋皇朝统治地域，也密切相关于两宋所在的10—13世纪的中国。两宋不同区域的地方发展，各地之间的交流、渗透、牵制，地方力量与中央政权的互动，形成发展合力，推动社会发展，塑造时代特征。以宋韵文化中的工匠文化为例，像《清明上河图》描述宋朝社会盛世，每一个场景都展现了当时先进的生产、繁荣的市井画面，背后则是劳动人民特别是工匠群体辛勤劳动、创造社会财富的过程。

宋韵文化传承的载体。杭州作为南宋都城所在地，集中体现了宋代文化的精髓。如何让千年宋韵在新时代“流动”起来、“传承”下去？杭州国家版本馆就是一个很好的承载文化的空间，实实在在带给群众一方感受工匠文化、对话宋韵文化的空间。馆内，由龙泉青瓷拼成的一扇扇高十余米的屏扇通过机械控制，既可以呈折扇式，也可以排成一面平铺的屏风，如同宋代的画屏，客观上展示出宋韵之美。宋瓷的精美享誉世界，靠的是执着专注、精益求精、一丝不苟、追求卓越的工匠精神，承载的是底蕴深厚的民族文化。

宋韵文化的背后是工匠文化的支撑。新时代的工匠精神作为工匠阶层的精神世界或者他们生存与发展的精神，体现了工匠个人或者群体对自身生命过程的理解，凝聚着对自身生命过程的本质规定。很多工匠在自己从事的职业里勤恳地干一辈子，甚至是几辈人都干同一件事情，这种执着专注、一丝不苟的态度已经转化为理想信念、价值认同，融为自己生命的重要组成部分。

### ◎案例4-7

#### 当“风雅宋韵”遇上“乔职工匠”将会呈现出一种怎样的气派？

2022年6月9日下午，在乔司职业高级中学（以下简称乔司职高）体艺馆内，《边城》《云香》《豆蔻年华》等七个系列服装作品，或清淡素雅，或凤冠霞帔，满溢宋韵，依次由模特在舞台上展示亮相。这是服装设计与工艺专业1912“杭职班”学生通过毕业设计秀汇报展示他们的成长与发展。

该班同学从宋韵文化中提炼主题，精心设计，精细制作。这台全部由学生自主设计、制作、展示的毕业设计作品，凝聚着同学们的匠心技艺，表达了师生们对传统文化的传承与创新，展示了乔司职高技能育人、文化育人、活动育人的丰硕成果，也折射出乔司职高极强的文化自信。

据悉，杭州职业技术学院与乔司职高已经有10多年的中高职合作经验。这两年双方的合作非常注重工匠精神的培养。此次学生毕业设计作品充分展现了学校工匠精神培养的成果。

李凤峰，蒋皓．“未来工匠”逐梦成长舞台[N].今日临平，2022-06-17（3）.

### （三）数字文化：让文化传承实现载体创新

宋韵文化的数字化转型。习近平总书记要求我们“努力实现传统文化的创造性转化、创新性发展，使之与现实文化相融相通，共同服务以文化人的时代任务”[①]。同时，党的二十大报告也提出实施国家文化数字化战略。这不仅是推进文化自信自强、建设社会主义文化强国的重要路径，也是推动文化强省建设的重要“着力点”。随着互联网、大数据、人工智能等新兴科技的发展，人类文化正在经历一场剧烈的数字化转型。中华优秀传统文化的发展与繁荣，需要结合新的实践和要求进行创造性转化。推进实施国家文化数字化战略，应着眼于推动文化与科技相结合，利用文化数字化基础设施和服务平台赋能文化需求和供给两端，更新数字文化消费方式和生态体系，持续激发数字文化消费新活力。

宋韵文化的人才培养。职业教育是国民教育体系和人力资源开发的重要组成部分，也是培养多样化人才、传承技术技能的重要途径。在高质量发展建设共同富裕示范区的时代大背景下，浙江省抓住文化这个关键变量，在全省开展文化数字化建设，不断创新利用数字化手段，让文化服务泛在可及、便捷高效。浙江打造的“15分钟品质文化生活圈”“志愿浙江”“长三角地区公共图书馆服务一卡通”等公益性文化时空，疏通了群众文化生活中存在的堵点，尤其是针对文化服务供需不平衡、匹配不精准等难点不断完善分配机制。与此同时，浙江职业教育现代化以服务高质量发展为主题，以推进产教融合为鲜明主线，着力打造体系更全、质量更高、贡献

① 习近平．在纪念孔子诞辰2565周年国际学术研讨会暨国际儒学联合会第五届会员大会开幕会上的讲话[M].北京：人民出版社，2014：11.

更大的现代职业教育，加快培育精益求精的“浙江工匠”和创新创业的生力军。

文化数字化铸就数字工匠。2021年6月浙江省教育厅印发的《浙江省职业教育“十四五”发展规划》（浙教规〔2021〕28号）明确要求，继续深化“五个一批”建设，推动建设一批兼具人才培养、生产服务、技术研发、文化传承、科学研究等功能的区域产教深度融合发展平台。面向新时代，文化数字化是推动文化传承的主要形式，最终目的是服务文化生活、生产和治理等领域，是造福社会、惠及群众。顶层设计的前瞻性布局，再加上实践上的不断探索，浙江在推进文化数字化上已经取得不少成果。数字文化系统正是实现文化创新性转化、创造性发展的一条新增赛道。当然，文化的数字化发展必须以数字经济为基础，应针对经济实体面临的实际难题，借助数字化应用，通过数据分析提供更精准的服务，使其成为推动经济社会发展的巨大增量。此外，以数字经济为基础的文化数字化，还要大力弘扬工匠精神，迎合数字时代技术伦理、劳动伦理对工匠的要求，引领他们成长为合格的大国数字工匠。

党的二十大报告指出，增强中华文明传播力影响力，坚守中华文化立场，讲好中国故事、传播好中国声音，展现可信、可爱、可敬的中国形象，推动中华文化更好走向世界。浙江宋韵文化是中国文化、世界语言，讲述的是中国故事。宋朝经济繁荣，文化昌盛，其之所以能够屹立世界东方，留下如此广博的文化遗产，离不开各行各业的能工巧匠。今日盛世中国之腾飞也必呼唤千千万万的“大国工匠”添砖加瓦，也更需要用“工匠精神”来传承与创新中华文化。

## ？思考题

1. 作为职业院校学生，你认为应如何发挥自身优势，助力浙江省“两个先行”?

2. 在新时代高质量发展之际，应大力提升自我创新能力。请结合你自己的专业实际谈谈感受。

3. 通过学习本章“数字高地　系统重塑”相关内容，请阐述“智能制造”的内涵。

4. 通过学习本章的“数字高地　系统重塑”相关内容，谈谈你作为职业院校的学生对“数字浙江”的体悟。

5. 如何在数字时代守护宋韵文化的匠心品质?

6. 结合自己所学专业，谈谈如何认识新时代工匠文化。

## 拓展阅读

1. 中共浙江省委党校. 共同富裕浙江先行案例[M]. 杭州：浙江人民出版社，2022.

2. 胡小鹏. 中国手工业经济通史：宋元卷[M]. 福州：福建人民出版社，2004.

3. 刘光武，叶慧杰. 全球信息技术产业发展预测[J]. 中国科技信息，2018（14）：109-110.

# 第五章

# 技能强省　之江有我

## ——匠心的担当与浙江学子时代使命

在全面建设社会主义现代化国家的新征程上，以习近平同志为核心的党中央赋予浙江高质量发展建设共同富裕示范区的光荣使命，要求浙江在推进以人为核心的现代化、实现全体人民全面发展和社会全面进步的伟大变革中发挥先行和示范作用。作为新时代浙江职业院校青年学子，要在百年未有之大变局中践行使命担当，始终扎根中国大地，传承浙江精神，在浙江高质量发展奋力推进中国特色社会主义共同富裕先行和省域现代化先行的伟大进程中，贡献自己的青春力量。

之 江 匠 心

## 本章要点

1. 理解青年的理想信念关乎国家未来，新时代职业院校青年学子有远大理想、坚定信念，就能激发奋进潜力，勇立潮头，超越自我，成为“新时代浙江工匠”。

2. 推进“美丽浙江”建设必须坚持理论学习和躬身践行相统一，职业院校青年学子要主动担当作为、施展才能、活用技能、挖掘潜能，以专业赋能、技术赋能、实践赋能，奋力绘好新时代的“富春山居图”。

3. 理解浙江精神的含义，把浙江精神学习好、传承好、发扬好。明确匠心担当与时代使命，奋发有为，为浙江实现“两个先行”、打造“重要窗口”的奋斗目标贡献青春力量。

# 第一节　志存高远　做“技能浙江”的引领者

青年的志向关乎国家的未来，青年兴则国兴，青年强则国强。党的二十大报告强调，广大青年要坚定不移听党话、跟党走，怀抱梦想又脚踏实地，敢想敢为又善作善成，立志做有理想、敢担当、能吃苦、肯奋斗的新时代好青年。浙江制造正以“国际先进，国内一流”的高品质、高水平成为浙江经济的金字招牌，浙江数字化改革也从数字经济的跟跑者、并跑者变为领跑者。立足浙江，广大职业院校青年学子应争做“新时代浙江工匠”，在推进“技能浙江”建设，实现“两个先行”、打造“重要窗口”的进程中成就出彩人生。

## 一、立鸿鹄志，争做“新时代浙江工匠”

新时代中国青年有远大理想、坚定信念，就能激发奋进潜力，青春岁月就不会像无舵之舟漂泊不定。新时代，立足浙江，广大青年学子要深入学习贯彻习近平总书记“干在实处、走在前列、勇立潮头”的要求，勇扛历史使命，坚持创新驱动，做“新时代浙江工匠”。关于技能人才培养，浙江在《新时代浙江产业工人队伍建设改革“十四五”工作规划》中定下目标：到2025年，全省将培育30名浙江大工匠、300名浙江杰出工匠、3000名浙江工匠、10000名浙江青年工匠，全省技能人才总量达到1150万人左右，其中高技能人才数量超过400万人，占技能人才比例达到35%。

### （一）明确“新时代浙江工匠”目标

党的十八大以来，中国特色社会主义进入新时代。进入新时代，是从党和国家事业发展的全局视野、从改革开放40多年取得的历史性成就和历史性变革的方位上所作出的科学判断。新时代，中国的综合国力实现了历史性提升，是从落后时代、追赶时代到引领时代巨大转变的时代，是从中国制造转变到中国创造的时代，是从追求高速度发展转变到追求高质量发展的时代。我们面临的新时代，既是近代以来中华民族发展最好的时代，也是实现中华民族伟大复兴最关键的时代。

新时代是奋斗者的时代。从东海之滨到钱江之畔，浙江大地处处涌动着创新创业的热潮，跑出高质量发展的加速度，扎实推进共同富裕示范区建设。一代人有一代人的使命，一代人有一代人的担当。站在实现“两个一百年”奋斗目标的历史交汇点上，广大职业院校青年学子将与时代同步伐、与祖国共命运、与人民齐奋斗，争做堪当民族复兴重任的时代新人。

以青年心，立鸿鹄志，做奋斗者，是新时代对青年的召唤。过去，青年是中国革命的燎原火种。1921年7月23日，平均年龄不到28岁的中共一大代表们，意气风发、胸怀壮志，在上海兴业路76号酝酿了“开天辟地的大事变”，在中国共产党的领导下，以青春之我，创建青春之家庭，青春之国家，青春之民族，青春之人类，青春之地球，青春之宇宙。新时代，青年是推动浙江高质量发展的强大源泉。新时代，职业院校青年学子要善于学习、奋勇拼搏，在各行各业、不同领域开拓创新、勇立潮头。青春是永不言败的符号，奋斗是青年人最光辉的勋章，新时代青年要勇做走在时代前列的奋进者、开拓者、奉献者，毫不畏惧地面对一切艰难险阻，在劈波斩浪中开拓前进，在披荆斩棘中开辟天地，用青春和汗水创造出让世界惊艳的新奇迹。

### （二）坚定“新时代浙江工匠”志向

职业院校青年学子要有崇高的理想信念，牢记使命，成就出彩人生。理想是“志”，指引人生方向。有了鸿鹄之志，就有了指引前进的方向。青年学子理想远大、志向高远、信念坚定，是一个国家、一个民族无坚不摧的前进动力，凝聚着中华民族气势磅礴的强大驱动力。职业院校青年学子要学会“自我修炼、反思悟进”，这种“修炼”不是一时一地的修炼，而是常态化的不断自我磨砺的过程。这个过程需要投入实践中。就像中国共产党人投身到为人民解放和幸福而奋斗的伟大实践中，职业院校青年学子要自觉投身到新时代“技能浙江”的建设中，打磨好自身的技能本领，坚定理想信念。

立鸿鹄志，就是要心怀“国之大者”，牢记时代使命。不谋全局者，不足谋一域。职业院校青年学子在立志时要从自身出发，以史为鉴，与时俱进，大局为重。所谓“大者”，是大视野、大担当、大作为。心怀“国之大者”就是要厘清千头万绪，由现象把握本质，永远站在人民的立场，永远与时代同向同行。职业院校青年学子要明白建成“技能浙江”的重大意义，明确建设“技能浙江”的重大使命，明晰奋斗目标和前进方向，不断增强做技能工匠、能工巧匠的志气和底气。

要立足“技能浙江”，自信自励自强。浙江是中国革命红船起航地、改革开放先行地、习近平新时代中国特色社会主义思想重要萌发地。当前，浙江发展正挺立在中国特色社会主义伟大事业的潮头上，正奔跑在“干在实处、走在前列”的赛道上，正站在高质量建设共同富裕示范区的关键点上。职业院校青年学子更要立足浙江发展目标，练就过硬本领，以艰苦奋斗、戒骄戒躁的作风，以时不我待、只争朝夕的气势，在推动“技能浙江”建设实践中，不断描绘崭新的青春图景。

## ◉ 案例5-1

### “工匠精神”成就首席工人

在注重效率的今天，“差不多就行了”是不少职场人的心态。相比之下，对产品精雕细琢、力求将品质提升到99.99%的“工匠精神”实属可贵。出生于1991年的王烈辉，毕业于宁波职业技术学院，他的工匠精神来源于父母，修炼于母校，发挥于企业。他在还未三十而立的年纪，就将“工匠精神”奉为金科玉律。

读职高时，王烈辉为了磨炼钳工技艺，曾在半年时间里打磨完成360多个工件，耗时1800多小时……后来在宁波市及浙江省的技能大赛中都拔得头筹，还在全国中等职业学校技能大赛钳工项目中获二等奖第一名。进入海天集团之后，学生时代练就的钳工技能让他一路过关斩将，先是在“海天杯”职工技能大赛中获得第一名，后又在北仑区大榭开发区职工技能大赛中获得第一名。

海天集团鼓励员工就日常工作中所发现的问题提出改进方案，王烈辉在工作后的三年多时间里累计提出40多项改进方案，其中两项被公司采纳，每年能为公司节约生产成本20多万元。2015年，王烈辉被评为敬业奉献类“宁波好人”。王烈辉在海天集团的师傅沈律告诉记者，在他带过的徒弟中，要数读过职高的年轻人动手能力最强、上手最快，但只有耐得住寂寞、沉得下心的年轻人才能做得久、走得远。他希望王烈辉在干好本职工作的同时，对各个工段都有所了解，最终走得更远。

石天星. 工作是高贵灵魂的营养[N]. 浙江日报，2016-04-29（19）.

### （三）加强“新时代浙江工匠”德育

青年引风气之先，一个民族的文明素养很大程度上体现在青年一代的道德水准和精神风貌上。青年学子是否崇德向善，不仅关乎其人生道路能否走得正、走得远，更关乎整个社会是否风清气正、朝气蓬勃。一个道德上有追求的人，往往严格遵守纪律，同时自身也高度自觉，能够在学校、社会各个场合成为社会主义核心价值观的践行者，并进一步为提高全社会的文明程度作出积极贡献。加强道德修养是广大青年学子十分重要的人生必修课，在这个过程中要提升道德境界，追求高尚情操，自觉立德、修德、践德，明大德、守公德、严私德，并将践行社会主义核心价值观转化为自觉行动。

提升“新时代浙江工匠”的专业素养。“新时代浙江工匠”是浙江省委、省政府面向高技能人才设立的培养支持项目，主要从浙江省经济发展主导产业、重点产业中具有较高技术技能水平的一线产业工人中遴选产生，从高到低，分别为“浙江大工匠”“浙江杰出工匠”“浙江工匠”“浙江青年工匠”四个层次。浙江对“新时代浙江工匠”及其他能工巧匠给予资金、政策、设备等多方面的支持。如衢州市车工高级技师徐建雄，在浙江工匠氛围的熏陶和政策支持下，为企业解决了100多项技术研发难题，成为公司的高水平专业人才，被评为“浙江大工匠”。职业院校青年学子要以徐建雄等浙江工匠为榜样，在专业领域练就过硬本领，努力成为“新时代浙江工匠”的骨干一员。

## 拓展

#### 培育浙江工匠骨干队伍

2020年8月，《关于实施新时代浙江工匠培育工程的意见》印发。意见提出要重点培育一支覆盖广泛、梯次衔接、技艺高超的“十百千万”新时代浙江工匠骨干队伍：

坚持以习近平新时代中国特色社会主义思想为指导，深入贯彻落实人才强省战略，顺应产业升级和高质量发展要求，围绕全球先进制造业产业集群建设，以培育知识型、创新型、复合型高技能人才为重点，着力深化技能人才培养体制机制改革，加快构建“产教训”融合、“政企社”协同、“育选用”贯通的技能人才培育体系，努力把浙江打造成为新时代工匠的培育引领之地、成长向往之地、技能创新之地。到2025年，全省技能人才总量达到1150万人左右，其中，高技能人才数量超过400万人，占技能人才的比例达到35%。

2021年3月，《新时代浙江工匠遴选管理办法》发布，明确了新时代浙江工匠的定位、项目类型、工作原则、目标任务、工作机构和职责分工等内容。

## 二、强工精技，打造“浙江制造”品字标

精湛的专业技能是工匠的立身之本，学习则是做好一切工作的基础和前提，任何一位能工巧匠、大国工匠的成长都需要不间断地勤奋学习。2014年，浙江启动构建以“区域品牌、先进标准、市场认证、国际认同”为核心的“浙江制造”公共品牌建设制度体系“品字标”，充分发挥标准提档、质量提升、品牌提效的组合效用，真正推动浙江从“制造大省”向“制造强省”转变。适应新时代，职业院校青年学子更要学好理论知识、学好专业知识、学好先进经验，艰苦奋斗，努力成为高水平、高品质“浙江制造”的建设者。

### （一）深学理论知识，夯实工匠基础

《中华人民共和国职业教育法》对职业教育的定位和功能进行了阐述，明确了职业教育在教育体系中的类型定位和发展特色，赋予了职业教育崇高的历史使命。但能工巧匠、大国工匠的培养不是一蹴而就的，需要青年学子深学理论知识，领悟工匠内涵。

青年学子不仅要努力学习马克思主义的经典理论，不断提升自身理论素养，更要学习我们党在长期艰辛探索、寻求正确道路的过程中所形成的创新理论成果，坚持把马克思主义基本原理同中国具体实际相结合、同中华优秀传统文化相结合，以坚定的政治立场、科学的理论方向、扎实的理论素养为“技能浙江”建设提供支撑，为成为新时代“浙江工匠”奠定坚实基础。

适应新时代，职业院校青年学子要学会取其精华、去其糟粕，增强传统文化素

养。党的十八大以来，习近平总书记全面肯定中华优秀传统文化的历史地位及价值，明确要求推动中华优秀传统文化的创造性转化、创新性发展。青年学子要明确，中华优秀传统文化是中华民族伟大复兴的坚实支撑，中华文明经历了5000多年历史变迁，但始终一脉相承，积淀着中华民族最深层次的精神追求，代表着中华民族独特的精神标识，为中华民族生生不息、发展壮大提供了丰厚滋养。

适应新时代，职业院校青年学子要脚踏实地。习近平总书记指出："人类是劳动创造的，社会是劳动创造的。""无论从事什么劳动，都要干一行、爱一行、钻一行。"①三心二意是不可能把工作干好的，要爱自己所在的行业、爱自己所处的岗位，这是工匠精神的要求之一，也是干好所有工作的前提，更是展现自己价值的基础。只有脚踏实地、兢兢业业地不断学习，才能成就大国工匠，才能实现自己的人生价值与社会价值。

### （二）精学专业知识，练就工匠技能

自2019年杭州设立全国首个"工匠日"以来，浙江省已形成尊重工匠、关爱工匠、学习工匠的良好风尚。在培养高素质技术技能人才的职业院校，工匠精神早已进入校园，青年学子不仅要学好专业知识，还要细细体悟为何浙江省能够成功打造"浙江制造"金名片，并进一步思考作为一名青年学子应如何让这一金名片闪闪发光，在实践和思考中细悟匠人情怀。

"业精于勤荒于嬉，行成于思毁于随。"职业院校青年学子要注重精学，钻研专业知识，成长为新时代的能工巧匠。精学需要青年学子全面掌握本专业的基础知识，并且学透彻、钻研深、理解准，还要能运用。精学一定要避免走马观花地学、蜻蜓点水地懂，还要避免闭门造车、不注重实践。精学需要青年学生能够通过专业知识有的放矢、举一反三，能够运用所学解决实际问题，在实际问题的解决中反复思考，提升能力。

"纸上得来终觉浅，绝知此事要躬行。"职业院校青年学子要突出实践学习，要始终坚持理论与实际相结合。校企合作、产教融合有助于对学生技能、职业道德和职业能力等方面的培养。在实践中，职业院校可以以产教融合实训基地为依托，以应用技术协同创新中心为载体，以现代学徒制人才培养为模式，统筹学校、企业资源，搭建产教融合协同创新平台，开展校企"双主体"协同育人，一起为社会培养更多的技术技能型人才。

---

① 习近平.在知识分子、劳动模范、青年代表座谈会上的讲话[N].人民日报，2016-04-30（2）.

“心心在一艺，其艺必工；心心在一职，其职必举。”职业院校青年学子作为新时代的奋斗者，应同时具备扎实的专业能力和突出的实践能力，提高自己的工匠思想觉悟，在全面建设社会主义现代化国家的伟大征程上，贡献自己的力量。立足浙江，青年学生应有“干一行钻一行”的执着专注，一步一个脚印，立足岗位成长成才；有“干一行精一行”的发展目标，胸怀国家，兢兢业业，艰苦奋斗，做广阔舞台和“浙江制造”的不可或缺者；有“干一行爱一行”的匠人情怀，爱行业，爱岗位，爱工作带来的成就感，为“浙江制造”注入活力，为实现中华民族伟大复兴贡献青春的磅礴力量。

## 案例5-2

### 破世界纪录的“金手指”非一朝一夕而成

2019年，在中央电视台《挑战不可能》栏目中，卓敏静面对众多高手同台竞技，凭借30秒蒙眼手动点钞202张的成绩，创造了此项目全新的吉尼斯世界纪录，成为“世界上30秒蒙眼手动数钱最快的人”。

卓敏静2011年毕业于浙江金融职业学院市场营销专业和工行订单班，2019年任中国工商银行温州龙湾支行综合客户经理。她在校期间练就了扎实的手工点钞技能，入行持续勤学苦练，收获系列冠军荣誉，以追求卓越的姿态迈向世界冠军之巅。

卓敏静说，她十分感谢母校当年的培养。在机器早已比人更快，也更准确的今天，学校依然执着认真地进行技能教育。

浙江金融职业学院银领学院15年来深耕于银行订单式人才培养，迄今已向全国金融系统输送了13000余名高素质技能型专门人才，卓敏静便是其中之一。学院秉持“职业化教育，员工化管理”特色理念，通过创新固化早晚自修、组建技能尖子班等强化学生职业技能和素养。早自修每周限定2天“行服日”，要求身着岗位工服进行沉浸式礼仪、技能操练；晚自修主攻各类职业资格证书备考以及点钞、传票、五笔输入技能测试等。同时实施以“金手指”“金礼仪”“金口才”“金讲堂”“金体魄”“金名片”为核心的“六金”工程，每月邀请行业校友返校讲座，每日开展财经热点新闻解读，每日开展1.6—2.4千米体能训练，切实提升学生职业综合能力。

培养学生练就过硬的职业技能是高职办学的看家本领，也是应有的教学特色，更是高职学生走向社会、立足岗位的基本前提。通过银行订单班集中专项式职业技能培养、工匠精神灌注和意志品格淬炼，卓敏静受益匪浅，走上工作岗位后日复一日、年复一年追求技能极致，锤炼成点钞“金手指”，绽放出耀眼光芒。

浙江金融职业学校供稿

### （三）广学先进经验，成就工匠楷模

理论与实践并存，专业与职业共融，广学先进工匠成长经验，不仅可以觉悟匠心精神，还可以赋能“浙江制造”。浙江省“十四五”规划明确提出深入实施人才强省、创新强省“首位战略”，而打造一支有理想守信念、懂技术会创新、敢担当讲奉献的技能人才队伍是实施这一战略的重要环节。

学习榜样是广学先进经验的重要途径。榜样是一种力量、一面旗帜、一种精神。在浙江，技能工匠有宽广的展示舞台，青年学子有多样化的学习榜样。“最美建设人”沈益东27年扎根焊接工作岗位，在火光之间练就了一身本领，用一颗匠心诠释“择一业，倾一生”；宁波舟山港桥吊司机竺士杰心无旁骛地钻研技术，自创2万余字的“竺士杰桥吊操作法”，帮助司机在40多米的高空“稳、准、快”地完成集装箱装卸作业；非遗技艺传承人周光武为传统青瓷行业注入新鲜活力，繁荣陶瓷艺术，传承陶瓷工匠精神，推动陶瓷产业发展；杭州市儿童福利院护理员陈敏，14年来用精湛的护理技术和满满的爱心，给予孤残儿童妈妈般的爱，让不少孤残儿童康复并走上了工作岗位，创造了更大的个人价值和社会价值；技校毕业的黄章勋秉持着精益求精、不让毫厘的态度，从不会到熟练，从熟练到精通，踏踏实实做好产品和服务，让工匠精神真正助力企业高质量发展，成长为华峰化学股份有限公司的技术骨干；中国工艺美术大师、浙江省非物质文化遗产“萧山花边制作技艺”传承人赵锡祥，从事萧山花边工艺50年，把热爱变成执念，把精神变成行动，虽然已是耄耋之年，却仍然苦心钻研，精益求精。

新时代是干出来的，新时代的工匠精神是引领各行各业劳动者奋发向前的精神动力，也是打造“浙江制造”品牌的驱动力，更是推动浙江高质量发展建设共同富裕示范区不可或缺的重要精神财富。职业院校青年学子要向榜样看齐，从自身出发，结合实际，体会工匠们在工作中所表现出的心境和心态，感悟匠心精神，发挥自己的专业优势，努力成为浙江省的工匠楷模，为浙江省高质量发展提供强有力的人才支撑。

## 三、做奋斗者，扮靓“数字浙江”重要窗口

习近平总书记关于网络强国的重要思想是指引浙江赓续数字浙江战略擘画、深化数字化改革、打造网络强国“重要窗口”的纲与魂。浙江不断探索形成了一条省域层面推进数字变革的新路径，打造了数字变革的“浙江金名片”，有力推进了省域治理体系和治理能力现代化，逐渐从数字经济的跟跑者、并跑者变为领跑者。

### （一）勇攀技艺高峰，做“数字浙江”建设的主力军

2021年9月，第八届世界互联网大会在浙江乌镇举办，会议以“迈向数字文明新时代——携手构建网络空间命运共同体”为主题，强调要让数字文明造福各国人民，推动构建人类命运共同体，并集中展示了一批围绕生活体验、智慧生产、行业生态等多个场景的最新科技成果。“数字浙江”正在改变人类生产生活方式，对中国乃至世界经济、治理体系、人类文明产生深远影响，但仍面临新的挑战、新的问题。在此背景下，职业院校青年学子要勇攀技艺高峰，追踪科技前沿，善用资源，成为“数字浙江”建设的主力军。

职业院校青年学子要勇做攀登技术高峰的挑战者。互联网发展历程就是一波又一波年轻人把奇思妙想化为现实的过程，为社会创新不断注入新的活力的过程。互联网的创新迭代是浙江数字化改革的关键环节。青年学子既要立足当下，把握数字时代带来的新机遇，勇做创新者，又要专注于自身专业发展，勤于钻研，勇于实践，成为数字创新的生力军和数字经济的创造者。

职业院校青年学子要做造福人类社会的引领者。数字化的世界可以包容全球不同地域、不同行业、不同群体和不同身份的所有人，但数字化的世界也会存在“数字鸿沟”，阻碍人类命运共同体的构建。立足浙江，放眼世界，青年学子应正视当前浙江面临的数字化问题，立足长远，想方设法解决信息落差，引领数字创新发展。

职业院校青年学子要善做区域合作的引领者。当今世界是区域合作的世界，浙江是合作开放的地区。青年学子思想要更开放、视野要更开阔、联系要更密切、合作要更紧密，要以更加开放的姿态拥抱世界、拥抱互联网，深度参与数字化合作，积极参与促进浙江发展的开放合作，深化地区交流和深度沟通，在数字化的进程中不断实现对专业发展和数字技能的追求。

## 拓展

### “数字浙江”建设

2022年7月，浙江省人民政府发布《关于深化数字政府建设的实施意见》，提出“数字浙江”建设总体目标：

到2025年，实现经济调节、市场监管、社会管理、公共服务、生态环境保护、政府运行等政府履职核心业务数字化全覆盖，数字政府“系统+跑道”体系架构成熟定型，“平台+大脑”数据底座支撑有力，“顶层设计+基层创新”推进机制更加完善，创新一批具有浙江辨识度和全国影响力的“重大改革+重大应用”实践成果，形成一批“理论+制度”重大成果，“掌上办事之省”“掌上办公之省”“掌上治理之省”基本建成，政府治理体系和治理能力现代化水平显著提升，数字政府建设在服务国家及省委、省政府重大战略，促进经济社会高质量发展，建设人民满意的法治政府、廉洁政府和服务型政府等方面发挥重要作用，以数字政府的实战实效助力实现“两个先行”。

到2035年，率先形成与数字变革时代相适应的生产方式、生活方式和治理方式，高水平建成“整体智治、唯实惟先”的现代政府，为基本实现高水平现代化和共同富裕提供强大动力和法治保障。

### （二）聚焦数字变革，做“数字浙江”精神的先行者

当前数字化改革引领质量变革、效率变革、动力变革。2021年发布的《浙江省全球先进制造业基地建设“十四五”规划》更是明确提出，到2025年，全球先进制造业基地建设要取得重大进展，数字化、智能化、绿色化发展处于全国领先地位。这对职业院校青年学子来说，是一个挑战，更是一个机遇。

职业院校青年学子要深入学习互联网知识、大数据技术，并与实体经济相融合，使得“数字化+”“互联网+”“智能化+”加速赋能传统制造业转型升级。《浙江省数字经济发展白皮书（2022年）》显示，2021年浙江省数字经济增加值达到3.57万亿元，居全国第四位，较“十三五”初期实现翻番；占GDP比重达到48.6%，居全国各省（区）第一。职业院校青年学子要掌握专业先进技术，深入学习专业知识，积极参加全国职业院校技能大赛、中国“互联网+”大学生创新创业大赛等比赛，坚持以赛促学，以赛促练，不断提升个人数字素养和数字技能。

职业院校青年学子要结合专业与浙江实际，积极响应习近平总书记“干在实处、

走在前列、勇立潮头”的号召，争做新时代浙江有志青年。近年来，浙江加快推动数字技术与全产业各领域深度融合。在这个转型过程中，大企业扮演着关键角色，发挥领头作用；中小企业立足根本，借助浙江大环境和各方力量努力“转”。职业院校青年学子要学习关键专业技术，在各项技能比赛中锤炼数字化技术，在企业转型、智能制造升级之路上充分发挥高水平技术人才的关键作用，助力“数字浙江”建设。

### （三）凝聚数字力量，做“数字浙江”建设的善行者

将数字技术融入公益，引领“科技向善”。当前，数字公益极大地降低了青年参与公益的门槛，让青年学子随手做公益更加普及。数字公益正在全面与生活服务业对接，青年学子成为浙江高质量发展的重要引领者；数字公益将使中国公益慈善事业具有更为广阔的发展前景，青年学子完全可以引领“善”经济的发展。职业院校青年学子可以紧跟时代步伐，与时俱进，积极投身数字公益，贡献自己的力量，千千万万微弱的光就能汇聚成耀眼的光芒。越来越多年轻人通过捐款、捐步、捐能量等形式参与数字公益，人均单笔捐助金额2.2元。2021年度通过支付宝公益平台捐款的网友达5.98亿人次。

在数字化改革和共享价值的推动下，将会有更多社会力量广泛参与公益，这正是数字公益的魅力所在。职业院校青年学子要勇于担当时代使命，凝聚数字力量，提升数字技能，在自己的专业领域发光发热，超越自我，让互联网不仅是“最大变量”，还要成为“最大增量”，更应成为推动经济社会发展的“最大保障”。

## 案例5-3

### 数字赋能，点亮互联网公益慈善的未来

中国在互联网领域的飞跃式发展正在深刻影响着公益慈善事业的运作模式。2021年9月27日，2021年世界互联网大会乌镇峰会“互联网公益慈善与数字减贫论坛”探讨了在未来数字化背景下，如何发挥第三次分配的作用，创新公益理念和发展模式，推动互联网与公益慈善领域的深度融合。

**数字化进程就像按下了“快进键”**

数据显示：仅在民政部指定的互联网公开募捐信息平台上，近年就有500亿人次的网民积极捐赠；2020年上半年，中国有近5000万网友通过互联网为抗击新冠疫情捐赠；在2021年河南洪涝灾害中，慈善组织借助互联网，仅用了两周时间就募集善款超过15亿元。维萨（Visa）全球高级副总裁、大中华区总裁于雪莉在主旨演讲中

说："在疫情影响下，全球的数字化进程就像按下了'快进键'。"

网络公益慈善已经成为现代公益慈善最重要的形式和最鲜明的特征。2021年9月，时任民政部党组成员、副部长王爱文在世界互联网大会"互联网公益慈善与数字减贫论坛"致辞中指出，"互联网的快速发展，帮助公益慈善获得了更多的智慧方案，更大的力量源泉。互联网公益慈善在打赢脱贫攻坚战中贡献突出、在突发事件应对中积极作为、在促进中外交流中影响深远，在中国的经济社会发展中发挥着越来越大的作用"。

推动互联网创新基因与公益慈善爱心基因有效结合

浙江省将加快建设"互联网公益大脑"，建立符合慈善行业特点的大数据分析模型，让资源对接更高效；腾讯为国内上万家公益机构和社会组织提供"数字化工具箱"，从技术的角度帮助公益慈善行业提升项目运营、善款管理、公众动员等核心能力；新浪微博未来会推出微博公益号计划，全面扶持中小型公益组织，推动慈善信息公开透明……

"在中国，我们看到了引人注目的创新，即汇聚私营部门、公共部门和民间团体的力量开展互联网公益慈善活动。"联合国驻华系统协调员常启德说。农村电子商务的兴起使偏远地区的农民能够接触到全国乃至全球市场；在线平台提高了小型慈善活动的知名度，增加了获得资助的机会；移动应用程序的出现让人们过上了低碳生活，促进绿色发展。中国互联网发展基金会理事长王秀军表示："公益慈善事业的发展需要传承，也需要创新。互联网公益慈善、数字减贫，绝不仅仅是互联网和传统公益的生硬叠加，而是运用互联网思维激发出公益慈善事业的蓬勃动能，让互联网的乘数效应成为提升公益慈善事业水平的助推器。"

高一村．数字赋能，点亮互联网公益慈善的未来[N]．中国社会报，2021-09-29（1）．

## 第二节　担当作为　做"重要窗口"的建设者

在2023年"新春第一会"上，浙江明确提出三个"一号工程"：将更大力度实施数字经济创新提质"一号发展工程"，实现营商环境优化提升"一号改革工程"大突破，实施"地瓜经济"提能升级"一号开放工程"。习近平总书记指出："青年是社会中最有生气、最有闯劲、最少保守思想的群体，蕴含着改造客观世界、推动社会进步的无穷力量。”[①]总书记有号召，青年应有行动。浙江职业院校广大青年学子应响应时代召唤、回应现实课题，以创新、改革、开放为指引，在广阔的之江大地上奋力奔跑。

## 一、创新深化，做加快打造高水平创新型省份的实践者

创新是社会进步的灵魂，是实现现代化的决定性因素。在未来，浙江将以更大力度实施数字经济创新提质“一号发展工程”，推动以数字经济引领现代化产业体系建设取得新的重大进展，以创新实现在危机中育新机、于变局中开新局。

新时代，青年学子应以更饱满的热情投入苦练专业技能，提升匠技、培育匠心、厚植匠情，助力浙江“重要窗口”建设。青年学子要抢占关键技术制高点、突破“卡脖子”难题，往“高”攀升，助力三个“一号工程”；青年学子要审时度势，化危为机，主动出击，抢占先机，抓住机遇，向“新”进军，勇攀数字经济高质量发展新高峰；青年学子要培养强烈的集体意识，善于交叉学习，更好发挥跨界融合优势，善于协作，以“融”提效，推动浙江高质量发展。

### （一）突破瓶颈，往“高”攀升

数字赋能发展，数字推动创新。2022年，浙江省数字经济核心产业增加值占地区生产总值比重达11.6%，数字经济不仅是浙江经济社会高质量发展的“金名片”，更是实现浙江高质量发展的重要引擎。浙江发展数字经济路径清晰：2017年，浙江开始深入实施数字经济“一号工程”；2023年，浙江又提出要以更大力度实施数字经济创新提质“一号发展工程”，为经济高质量发展注入澎湃动力。

抢占关键技术制高点，青年学子勇于挑大梁。当前，新一轮科技革命和产业变革突飞猛进，学科交叉融合迅猛发展，国际竞争日益激烈。青年学子必须明确：关键核心技术是要不来、买不来、讨不来的，只有把关键核心技术掌握在自己手中，才能从根本上保障国家经济安全、国防安全和其他安全。针对关键技术的关键问题，青年学子首先要牢固树立科技自立自强意识，要树立大局意识和前瞻意识，深刻认识到科技自立自强的重要性；其次要以与时俱进的精神、革故鼎新的勇气，立志解决从无到有、从大到强的问题，且专注源头创新的基础研究，直面问题、迎难而上，

① 习近平.在庆祝中国共产主义青年团成立100周年大会上的讲话[M].北京：人民出版社，2022：9.

肩负起时代赋予的重任，为我国科技的自立自强打下坚实的基础。

突破“卡脖子”难题，青年学子敢于担重任。我国拥有全球最完备的工业制造体系，但在核心技术、设备上仍受制于人，“卡脖子”难题突出。时代呼唤青年，青年学子要针对当下实际，以智能视频处理、高性能专用芯片、智能系统与超级计算、大数据与云计算、工业互联网新型架构等领域为学习重点，力争攻克“卡脖子”难题。

### （二）抓住机遇，向“新”进军

当今世界正经历百年未有之大变局，国际环境日趋复杂，不稳定性和不确定性明显增强。我们要善于在危机中育先机、于变局中开新局，抓住新机遇，抢抓新风口，催生新业态新模式，打造增长新引擎。

青年学子应审时度势，转危为机。新的历史时期，我国面临着各种各样的挑战，改革开放进入深水区、攻坚期，社会治理面临诸多问题，不平衡不充分问题依然存在。在这关键时期，一方面，青年学子要直面挑战，以科学的方法、创新的思想，以新技术、新业态、新理念应对各种挑战，辩证看待危机和机遇，善于化危为机；另一方面，未来的工厂、车间不仅需要流水线操作的工人，还需要主动将信息化与工业化“两化”深度融合、将数字经济和实体经济深度融合的工匠之才，这也对青年学子提出更高要求。

青年学子要敢于主动出击，抢占先机。浙江作为数字经济先发省，尤其是在数字经济创新提质“一号发展工程”指引下，要激发新活力、增添新动力、抢占新赛道，把先发优势转变为带头领跑的持久优势，打造强劲活跃的新增长极。这对浙江青年学子提出更高要求，青年学子要主动顺应“大趋势”，积极参与“互联网+”大赛、“挑战杯”竞赛、职业技能大赛等竞赛，更加主动了解并深入互联网医疗、微经济、无人经济、共享经济等新业态，同时奋力抢抓“大机遇”，以敢为人先的胆识点燃高职院校的数字经济之火，以赶超一流的雄心勇攀数字经济高质量发展新高峰。

## ◉案例5-4

### 大学生自主研发多项新科技，校企合作共克“硬核”难题

校企合作同频共振，产教融合协同发展。近日，由宁波职业技术学院学生团队发明的三项“硬核”科技落地多家小微企业，校企牵手攻克技术难题。学生团队依托校企合作“大舞台”，加大与企业对接力度，真帮扶、解难题，主动适应行业特

点，为不同企业科技赋能，“量身打造”硬核新科技。

高精度　免模板——PCBA缺陷检测与识别系统

在电子、通信行业不断加速发展的大环境下，电路板的集成化程度和复杂程度越来越高，检测市场空缺，技术革新迫在眉睫。目前，现有的检测技术价格昂贵，操作要求较高，移植性较难，且严重依赖技术人员长期的经验积累和技术保障，而培养一个能掌握检测技术的人员成本高、周期长。如何降低企业检测成本，提高企业生产效率？宁波职业技术学院“智启检测团队”创新自主研发的基于深度学习的印制电路板（PCBA）缺陷检测与识别系统，有效地解决了这些问题，助推机器视觉领域发展。该系统能够检测元件缺焊、偏位、立碑、少锡、虚焊等问题，较传统光学检测方法，优化了工艺流程，降低了对技术人员的经验依赖性，实现了免模板制作的自动缺陷检测功能。在保证精度的前提下，降低成本、提高效率。目前，该技术已在宁波润冠电器有限公司、浙江川智电子科技有限公司、宁波汉圣电子科技有限公司等进行产线适用。

免编程　更智能——拖拽免编程自动锁螺丝机

宁波职业技术学院阳明学院“创新”团队的学生们，在下企业跟岗实训过程中发现吸尘器拧螺丝装配工作效率较为低下，大部分企业仍旧采用人工方式进行螺丝装配，生产自动化水平低，使得企业的产量受到严重制约，影响企业的发展。带着问题，学生开始进行市场调研，在走访了50多家企业后，团队决定研制一款价格便宜、操作简单、改造周期短的全自动锁螺丝装配机设备。根据企业实际需求，经过两次重要改动和几十次的改进，历时一年，团队成功推出了市面上第一台拖拽免编程自动锁螺丝机。

小革新　更绿色——静电微量润滑技术

针对企业机加工生产中面临的“三高”问题，宁波职业技术学院学生团队开启了切削液润滑方式革新的道路。历时两年研制出静电微量润滑系统（EMQL）。EMQL技术最亮眼的创新是给切削液带上静电，静电化的切削液以极低的流量雾化形成带电气雾实施润滑冷却，润滑效率高，油雾浓度低，极大地降低了切削液的浪费，缓解了刀具的磨损，改善了工厂中的作业环境油雾浓度。目前该项技术已在宁波埃美柯铜阀门有限公司、苏州韵达顺精密科技有限公司等五家企业投入试用，不同程度助力企业节省生产成本，为企业一线作业人员营造绿色的工作环境。随着项目的研究推进，团队成员不断在创新中磨炼自身的专业技能，成员作为第一作者申请专利并发表了一篇中文核心期刊论文。

宁波职业技术学院供稿

### （三）善于协作，以“融”提效

人才是浙江的强省之基、转型之要、竞争之本。新时代，浙江要实现“两个先行”，打造“重要窗口”，必须聚天下英才而用之。青年学子是浙江的未来，在学习模式上需要贯通专业知识、企业发展和行业标准，善于协作，助力浙江的高质量发展建设。

多元主体，推动产学研贯通。青年学子一方面要坚持紧跟浙江社会经济发展的需求，以市场和产业为导向，在政府、行业、企业、学校等多元主体的支持下多方面学习，实现理论与实践的结合；另一方面要以自身专业为基石，助力“高精尖”领域的发展，充分发挥多元主体支持的强大优势，破解关键技术，实现自我价值。

复合式学习，发挥跨界融合优势。人才培养既需探索课程体系跨界改革，让企业、市场相关信息进校园、进课程、进教材，也需鼓励工业软件头部企业与高校、职业院校联合参与多层次工业软件人才培养，激励制造企业提供实际训练场景。职业院校青年学子更要以非凡气度致力于将理论与实践相结合，以服务浙江制造为己任，努力成为面向生产、建设、管理和服务第一线的德才兼备、德技并修，具有可持续发展后劲的高技能人才，不断提高服务浙江经济社会发展的能力。

## 二、改革攻坚，做加快打造高质效改革先行省的奋斗者

改革攻坚，关乎高质效改革先行省的建设，关系民生福祉与长远发展。习近平总书记2020年在浙江调研时强调，要深入推进重要领域和关键环节改革，加大改革力度，完善改革举措，加快取得更多实质性、突破性、系统性成果，为全国改革探索路子、贡献经验。①

“吃改革饭”发展起来的浙江，要进一步引领改革风气之先，有基础、有条件率先领题、解题、破题。系列考题便是时代呼唤、工作导向，亟待广大青年积极答题，勇于担当作为，切实将习近平总书记对浙江的殷殷嘱托落实至助力高质效改革先行省建设的具体行动之中。浙江落实三个“一号工程”，努力打造最优市场环境、最优经济生态环境、最优人文环境，为广大青年学子提供了广阔舞台。

---

① 统筹推进疫情防控和经济社会发展工作 奋力实现今年经济社会发展目标任务[N].人民日报，2020-04-02（1）.

### （一）弘扬诚信文化，助力最优市场环境建设

弘扬诚信文化是最优市场环境建设的活力源泉。营商环境改革牵一发而动全身，是思想观念、领导体制、市场机制、治理方式的全方位变革，从而实现政府有作为、市场有效率、企业有活力，切实保护和发展先进生产力。要实现营商环境优化提升“一号改革工程”大突破，需打造最优市场环境，更好发挥市场在资源配置中的决定性作用。浙江以诚实立身、信誉兴业，厚植着源远流长的诚信文化，流淌着丰富成熟的诚信建设经验，传承着意蕴深刻的诚信精神。尤其是随着经济社会的高速发展，如何动态处理好复杂难题，成为浙江、中国乃至世界必须面对的现实课题。浙江以构建诚信市场环境为主线，以改革攻坚串联起诚信文化与市场环境建设的和谐共生，面对诚信缺失、漠视诚信契约等突出问题，打出系列组合拳，打好“信用牌”。浙江印发《浙江省加强政务诚信建设的实施方案》《浙江省加强个人诚信体系建设的实施方案》，开展浙江省“诚实立身、信誉兴业”主题活动，全力推进信用浙江建设，这既是对诚信文化的生动弘扬，更是为全国探索可复制、能推广的实践之路。

实践之路的“工笔画”需青年共同参与。弘扬诚信文化作为一项系统性工程，涉及的领域极其广泛，在现实困境中需以人才培养为突破口，而这恰好与育人目标高度吻合。职业教育既要清晰把握诚信建设的现实所需、问题所在，又要筑牢青年学子成长成才的诚信基石，切实推动职业人才为最优市场环境建设赋能增效。

青年学子须守好诚信底线，坚持就业诚信，助力市场环境的长足发展。青年是否诚实守信，不仅关系到整个社会的文明程度和社会秩序的稳定程度，也关系到未来市场秩序是否完善、市场活力是否充足、市场环境是否优化。广大职业院校青年学子作为诚信文化的实践者、传播者，更需深入了解何谓诚信文化、为什么要建设诚信文化以及其在创设最优市场环境中所发挥的效用价值。但正如最优市场环境建设历程一般，青年学子对诚信文化的弘扬，绝非一蹴而就。习近平总书记在《习近平与大学生朋友们》一书中就谈道：“同学们的忧国忧民，只有到基层中去、到实践中去、到人民中去，才能真正知道所学的知识如何去发挥、如何去为社会作贡献。”[①]作为社会中富有朝气、活力与创新意识的群体，职业院校青年学子当怀揣探索之心，走千企、访万户，因了解而熟知，因熟知而出新。习近平同志在浙江担任省委书记期间，曾寄语大学生要积极走进社会，走向基层。不仅要读好课堂上的书，也要读好社会这本“书”，要了解浙江，热爱浙江，进而了解我们伟大的祖国和伟大的民

① 本书编写组．习近平与大学生朋友们[M].北京：中国青年出版社，2020：97.

族，激发起应有的爱国主义精神和民族自信心。[①]

### （二）坚持系统观念，助力最优经济生态环境建设

推进改革攻坚，加快打造高质效改革先行省，需要着力解决人民群众最反感、市场主体最困扰、制约发展最突出的问题，努力打造最优经济生态环境。经济生态环境建设，需进一步优化产业生态、金融生态、物流生态，让经济生态成为企业良性发展、经济行稳致远的助推器。而各生态的优化与畅通，离不开系统观念的引领。坚持系统观念，处理好存量和增量的关系，统筹好传统和新型基础设施的建设，协同好软基建与硬基建的发展，以形成更具吸引力和竞争力的现代产业集群和科创高地。始终要将坚持系统观念作为一条主线贯穿建设全过程。以杭州为例，2022年，杭州扎实推进数字化改革、全面深化改革、共同富裕示范区重大改革“三改联动、一体融合”，35项牵一发动全身重大改革项目、100项数字化改革重大应用、36项改革专项小组改革任务全面完成，新增国家级试点29项，形成了一批有辨识度、有影响力的改革成果。

坚持系统观念是习近平新时代中国特色社会主义思想的世界观和方法论。而观念的生根落地关键在于认知的转变与行动的落实。青年一代有着活跃的思维方式、广阔的发展空间，更需奋力担当、实干有为，为助力最优经济生态环境建设发出青春声音、传播青春能量、注入青春活力。职业院校青年学子应坚持以系统观念助力最优经济生态环境建设，从战略思维、历史思维、辩证思维、创新思维、法治思维、底线思维出发，强化问题导向、目标导向、效果导向，坚定不移推动改革攻坚向广度和深度挺进。具体表现为，一是在面对风险与挑战时，要坚持稳中求进的基调，用全局的眼光看待问题，在普遍联系中处理具体问题。二是在处理当前与长远关系时，要增强透过现象看本质的能力，锻炼前瞻性思考能力，科学预见未来发展方向，肩负起历史使命。三是在看待理论与实践关系时，要在学中干，在干中学，提高理论联系实际的能力。习近平总书记指出：“要尊重群众首创精神，把加强顶层设计和坚持问计于民统一起来，从生动鲜活的基层实践中汲取智慧。”[②]特别是在中共中央办公厅印发了《关于在全党大兴调查研究的工作方案》的契机下，青年学子有着丰富的机会与广阔的平台开展调查研究，能够在实践中不断探索规律、总结经验。

① 习书记给我们讲述“浙江精神”——习近平与大学生朋友们（九）[N]. 中国青年报，2020-06-01（4）.

② 年轻干部要提高解决实际问题能力 想干事能干事干成事[N]. 人民日报，2020-10-11（1）.

## 拓展

### 杭州加快打造高质效改革先行示范城市

营商环境，是经营主体发展之基、活力之源。打造国内最优、国际一流的营商环境，是杭州推动高质量发展的“关键一招”。

作为国家营商环境创新试点城市，2022年，杭州持续优化营商环境，深入开展试点建设，153项509条改革措施全面完成，公安政务服务“一窗通办”“一网通办”、商事“共享法庭”、企业年报“多报合一”等经验做法在全国复制推广。

2023年，杭州将继续拿出敢闯敢试的改革魄力，从企业和群众的需求出发，大胆创新、奋力攻坚，推动营商环境迈向更高水平。

营商环境“土壤”加速向优。对标世界银行标准和国际惯例，对标先进城市最佳实践，杭州将率先加大营商环境改革力度，稳步、有序、扎实做好世界银行营商环境评估备选工作。

从企业和群众的需求出发，深化“掌上办事之城”建设，深化政务服务“一窗通办”“一网通办”“多端易办”，探索政务服务无感智慧审批，实现“24小时自助办”，提升政务服务标准化、规范化、便利化水平等；深化“大综合一体化”行政执法改革，开展行政执法监管“一件事”集成改革，深化商事“共享法庭”“凤凰智审”等改革，完善国际商事纠纷“一站式”多元化解决机制等；完善经营主体准入和退出机制，破除制约民营企业发展的各种壁垒，巩固全国社会信用体系建设示范城市创建成果，推进信用杭州建设等；深化产业链治理现代化改革，推进国家首批产业链供应链生态体系建设试点，深化新一轮“腾笼换鸟、凤凰涅槃”攻坚行动，深化“标准地+”集成改革等；大力弘扬新时代企业家精神和杭商精神，构建亲清政商关系制度机制，以“大走访大调研大服务大解题”“千名干部助千企”等活动为载体，选派精兵强将组建为企服务工作小组，建立健全营商环境尽职免责和容错纠错制度等。

在优化营商环境的精彩“答卷”里，杭州驰而不息深入各项重点领域和关键环节改革攻坚，瞄准杭州市营商环境竞争力“全球前列、全国领先”目标定位，大力实施营商环境优化提升“一号改革工程”，深入推进国家营商环境创新试点，引领最优政务环境、最优法治环境、最优市场环境、最优经济生态环境、最优人文环境建设，全力打造便利化、数字化、市场化、法治化、国际化的营商环境。

郑晖. 杭州加快打造高质效改革先行示范城市[N]. 杭州日报，2023-04-06（1-2）.

### （三）传承精神基因，助力最优人文环境建设

迈向新征程，浙江忠实践行“八八战略”，奋力打造“重要窗口”，强力推进创新深化、改革攻坚、开放提升。2023年1月，浙江省委“新春第一会”提出，要强力推进改革攻坚，加快打造高质效改革先行省，实现营商环境优化提升“一号改革工程”大突破，打造营商环境最优省，其中就涵盖了最优人文环境建设。人文环境建设是营商环境软实力的重要体现，是打造营商环境不可或缺的重要因素。而精神基因是人文环境建设中不可或缺的精神支撑。人文环境是一定社会系统内外文化变量的函数，涉及信仰、文化、观念、组织关系、社会关系、社会环境等，是人的社会性的综合反映，是一个地方的历史、文化、思想的综合反映。人们生活在特定的人文环境中，既会受其熏陶和影响，又会自觉或不自觉地影响和改变着人文环境。因而，一个人的精神风貌、一个地方的精神气质与这个地方的人文环境紧密相连、密不可分。传承精神基因便是在锻造人的精神风貌、凝练地域精神气质的过程中，为人文环境建设注入了源源不断的新动能。而浙江蕴藏着深厚的文化底蕴，需传承弘扬好浙商坚韧不拔的创业精神、敢为人先的创新精神、兴业报国的担当精神、开放大气的合作精神等基因。

技能巧助力，绘就传承新图景。传承精神基因，广大职业院校青年学子应以所学所长巧应用、探新路、创新举。首先，要充分发挥青年一代作为互联网的“原住居民”的独特优势，凝聚传承精神基因的广泛共识。一方面，有效运用微博、微信等新媒体平台，尽可能突破时间、空间的局限，实现覆盖范围广、传播速度快的预期成效；另一方面，以青年之名做表率，以青年的行动感染更多人参与，以推动线上的宣传科普与线下的躬身践行有机结合。

发掘新载体，续写传承精神基因新篇章。传承精神基因作为一项系统性的育人工程，需以具有科学性、可持续性的实际行动为支撑。因而关键之要，在于改革攻坚。这既是重点，也是广大青年学子投身实践的突破点。诸如，丽水职业技术学院的学子们通过自己的真情实感，演绎原创话剧《大樟树下》“寻迹溯源”，在新时代以来的宏阔叙事中展现学校取得的新发展成果，沉浸式带领青年师生穿越十年时空。又如，浙江机电职业技术学院的学子传承工匠精神，研发播种机，助力春耕。这些活动不再简单停留于宣传层面，更是成为发挥学子专业技能所长的广阔平台。

传承精神基因，长效、实效是关键。唯有更广泛的群体投入、更专业的技术支持，方能赓续精神血脉，在奋斗中焕发更加绚丽的光彩。相信随着传承精神基因的不断深化，勾勒出的人文环境新图景在之江大地将日益清晰起来。

习近平总书记在给河北保定学院西部支教毕业生群体代表的回信中，勉励青年“到基层和人民中去建功立业，让青春之花绽放在祖国最需要的地方，在实现中国梦的伟大实践中书写别样精彩的人生”[①]。习近平总书记的寄语与期待，无疑为青年学子如何度过人生的“拔节孕穗期”提供了价值遵循，如何在基层一线扣好人生的“第一粒扣子”明确了前进方向。职业教育既是引导广大职教青年学习领悟的教育，更是与社会发展、就业民生息息相关、高度契合的教育。新时代新征程，浙江职业院校青年学子要在党的正确领导下，在现实需求的呼唤下，敢于担当、躬身实践，助力高质效改革先行省建设责无旁贷。青年学子有着敢闯敢试的改革魄力，立足企业和群众的所思所想、所盼所愿，大胆创新、奋力攻坚，推动发展迈向更高水平。

## 案例5-5

### 传承工匠精神，高职学生助力春耕
### ——浙江机电职院学子研发了一套智能穴盘育苗播种机

浙江机电职业技术学院学子传承工匠精神，助力中国农业发展。黄涛、仇贝乐、张进是浙江机电职业技术学院增材制造学院的学生，他们通过实地调研，获得了用户需求第一手资料，自主研发设计了一款能自动完成穴盘供给、基质覆土、自动打孔、智能播种、补播漏播、自动浇水的穴盘育苗播种机。该款播种机成本低廉，播种效率高，实现了全自动化智能穴盘播种。

播种作业的精准程度直接影响着作物的生长发育及产量，紧密播种技术是一个大的综合系统，如何让播种机“智”起来，自动完成播种的各个动作，且各动作协调一致，是项目组急需解决的问题。

此前，黄涛等项目成员带着技术问题找到了机电学院增材制造学院楼建忠教授，楼教授在智能化农机装备、农机自动化及农产品加工新技术与装备方面具有丰富的经验。经过一段时间的技术积累，团队所设计的智能穴盘育苗播种装备打破了传统播种机存在的自动化、智能化水平低下以及播种效率不高的瓶颈，集成了穴盘供给、基质覆土、基质打孔、自动播种、补播漏播、自动浇水等六大功能模块，利用特殊设计的播种轮实现了精量化播种，播种速度可达400~500盘/小时。

采用快拆式播种轮设计使播种机适用于不同大小种子的播种，该播种机共获授权2项发明专利以及4项实用新型专利，实现了穴盘育苗的流程化生产，能有效适应

① 习近平给河北保定学院西部支教毕业生群体代表回信[N].人民日报，2014-05-04（1）.

市场需求。

同时，团队所设计的智能穴盘育苗播种机获得了浙江省大学生“挑战杯”特等奖、全国大学生“挑战杯”一等奖、机械创新设计大赛全国二等奖、杭州市创新创业大赛二等奖等荣誉。

团队邀请了浙江大学李建平教授作为专家进行指导。专家的多次线上、线下指导帮助解决了设计过程中遇到的各种技术问题，使团队完成了对智能穴盘育苗播种装备的全部设计、制造及改进。

新冠疫情期间，创新不停止，团队成员通过视频方式沟通交流,加快装备的改进进程，不断完善智能穴盘育苗播种机，在原有功能的基础上增加了漏播补种功能和穴盘全自动供给模块，实现了从空穴盘供给到播种后基质浇水的全自动流水线播种作业。

此设备在新冠疫情期间帮助浙江省诸暨市山里山湾蔬菜专业合作社及其他大棚蔬菜种植基地进行了春季育苗播种生产，设备在实际试用过程中体现了优异的性能。智能穴盘育苗播种机由于操作简单、省时省力，获得了用户的一致好评。

浙江机电职业技术学院.传承工匠精神，高职学生助力春耕——浙江机电职院学子研发了一套智能穴盘育苗播种机[EB/OL].现代高等职业技术教育网，2020－05－08. http://www.tech.net.cn/news/show－91152.html.

## 三、开放提升，做加快打造高能级开放之省的开拓者

新中国成立特别是改革开放以来，中国共产党带领中国人民通过走中国式现代化道路，创造了举世瞩目的经济快速发展和社会长期稳定两大奇迹。在浙江忠实践行“八八战略”、以“两个先行”打造“重要窗口”、奋力谱写中国式现代化浙江篇章的进程中，开放发展始终是浙江经济最鲜明的标识。面对当今世界百年未有之大变局和全球经济格局、产业布局大变动的关键时期，浙江秉持开放包容的理念，立足新发展阶段、贯彻新发展理念、构建新发展格局、推动高质量发展，实施更加积极主动的开放战略，以海纳百川的胸怀迎接挑战与机遇，坚定不移沿着中国式现代化这条光明大道走下去。

习近平主席在2023年新年贺词中指出：“青年兴则国家兴，中国发展要靠广大青年挺膺担当。年轻充满朝气，青春孕育希望。广大青年要厚植家国情怀、涵养进取

品格，以奋斗姿态激扬青春，不负时代，不负华年。”①广大职业院校青年学子要以开拓者的姿态，以奋斗者的精神，为浙江加快打造高能级开放之省，为提升中国式现代化的影响力、美誉度增光添彩。

### （一）担当作为，主动服务“一号开放工程”

2023年是全面贯彻落实党的二十大精神的开局之年，也是“八八战略”实施20周年。浙江强力推进开放提升，加快打造高能级开放之省，实施“地瓜经济”提能升级“一号开放工程”。

实施“地瓜经济”提能升级“一号开放工程”，是浙江忠实践行“八八战略”、主动应对国际形势、更高水平推进对外开放的重大战略举措。要做好“地瓜经济”提能升级“一号开放工程”，需要政府在制度和政策层面的顶层设计，让浙江吸收要素资源的能力像地瓜藤蔓一样向四面八方延伸、拓展，使得经济主体发展实力增强，城市获得更强劲的产业优势，从而打造更具韧性、更具活力、更具竞争力的“地瓜经济”。职业院校青年学子要争做时代先锋，既要主动作为、积极作为、广泛参与，在浙江推进开放的进程中，学习浙商敢为人先、勇立潮头的创业气魄，“跳出浙江发展浙江”；又要做科学发展的实践者、和谐社会的建设者以及改革创新的先行者，在新的时代浪潮中获取源源不断的发展动能，推动浙江高质量发展。

### （二）弘扬匠心，自觉参与高能级开放之省建设

开放发展是浙江经济的鲜明标识。在“八八战略”的指引下，浙江在2011年就基本实现全面建成小康社会的目标任务。但面对国际国内新形势新情况，浙江要着眼构建全方位全要素、高能级高效率双循环，高质量参与“一带一路”建设，主动参与国际竞争和合作，打造国内大循环战略支点、国内国际双循环战略枢纽，更好服务和融入新发展格局。要推动出口、进口、外资“三个争先进位”，加快建设贸易强省、高层次对外投资策源地、高质量外资集聚地、民营经济总部高地。

在打造高能级开放之省的进程中，浙江需要一大批高素质技术技能人才、能工巧匠和大国工匠，这就离不开职业教育对广大青年学子的培养和教育。青年是决定未来国家、民族和社会走向的中坚力量，既要有开放包容的心态去开展合作，又要有解放思想的勇气和实事求是的态度，坚持从实情出发，积极思考。要坚信，唯有

① 国家主席习近平发表二〇二三年新年贺词[N].人民日报，2023-01-01（1）.

追求卓越，弘扬工匠精神，自觉参与高能级开放之省的建设，才能实现个人价值与社会价值的有机统一。

## ◎ 案例5-6

### 90多家职业院校、企业、行业组织加入“一带一路”产教协同联盟

2017年6月9日，“一带一路”产教协同联盟在“海上丝绸之路”东方始发港——浙江省宁波市——正式成立，为期两天的“一带一路”产教协同国际论坛也在此间举行，20多个国家的教育部官员及职业教育方面的代表与会，碰撞思想，交流智慧。

“一带一路”产教协同联盟理事长单位负责人、宁波职业技术学院校长张慧波博士说，从2015年动议、2016年发出倡议，到2017年正式成立，已有来自全国的76所高职院校、中航国际等13家不同行业的龙头企业，以及中国教育国际交流协会、有色金属工业协会、国家半导体产业联盟等多个行业组织加入联盟。

中国教育国际交流协会会长刘利民介绍，基于产教双方多元诉求与既有的基础，2016年10月，中国教育国际交流协会、宁波市教育局、宁波职业技术学院牵头召开“一带一路”产教协同峰会，来自国内“一带一路”沿线省份的18所高职院校、中航国际成套设备有限公司等10家国内标杆企业和行业协会的代表，以及来自斯里兰卡、缅甸、柬埔寨等21个“一带一路”沿线国家的职业教育领域代表参加了会议。与会单位联合倡议、发起成立“一带一路”产教协同联盟，以推动中国职业教育和企业“走出去”，服务国家“一带一路”倡议。

联盟成立倡议自发出以来，获得了我国教育部、商务部、中国教育国际交流协会、宁波市政府等政府部门和行业企业的鼎力支持，得到高职院校的积极响应和“一带一路”沿线国家、国际组织的高度关注。

张慧波说：“我们以开放、协调、合作、创新、发展为理念，整合资源，寻求职业教育与产业协同发展。引领职业教育呼应‘一带一路’建设，拓展沿线国家及地区的职业教育交流合作，提升职业院校国际化水平，助推企业‘走出去’。”

董洪亮. 打造“一带一路”职业教育共同体[N]. 人民日报，2017-06-15（18）.

### （三）开拓进取，奋力谱写中国式现代化浙江篇章

中国式现代化建设为职业院校青年学子提供了广阔平台。党的二十大报告提出，以中国式现代化全面推进中华民族伟大复兴。中国式现代化是中国共产党领导的社会主义现代化，是人口规模巨大的现代化，是全体人民共同富裕的现代化，是物质文明和精神文明相协调的现代化，是人与自然和谐共生的现代化，是走和平发展道路的现代化。在新民主主义革命时期、社会主义革命和建设时期、改革开放和社会主义现代化建设新时期，青年学子曾经为我国的发展作出了卓有成效的贡献。新时代新征程，青年学子应为实现第二个百年奋斗目标积极投身实践，与祖国共奋进，与人民齐奋斗，与时代同步伐，创造浙江更加美好的明天。

“八八战略”为职业院校青年学子提供重要的理论指引，职业院校青年学子要传承总结“八八战略”实施以来的宝贵经验，加深对中国式现代化内涵和外延的理解把握，掌握运用蕴含其中的世界观和方法论，始终开拓进取，展现“敢为天下先”的锐气和“弄潮儿向涛头立”的风采，坚定不移地沿着习近平总书记指引的道路奋勇前进。

努力奋斗是职业院校青年学子青春最亮丽的底色。中华民族伟大复兴绝不是轻轻松松、敲锣打鼓就能实现的，需要靠一代又一代人的接续奋斗。青年时期是学习的黄金期，广大青年学子要把学习作为首要任务，不仅要学书本上的知识，更要学实践中的知识。要不断提升体能、技能和智能，要在感悟新时代、紧跟新时代、引领新时代的新际遇中持续提高自身的素质和能力，通过学习使自己成为新知识、新观念和新思维的集成体和先行者。

走向世界、拥抱世界是浙江职业院校青年学子的时代要求。在谱写中国式现代化浙江新篇章的进程中，职业院校的青年学子们既要弘扬伟大建党精神和“红船精神”，也要主动面向现代化、适应现代化、拥抱现代化、引领现代化。走向世界、拥抱世界，不仅仅意味着个人的选择，更是国家的战略。只有具有国际视野、通晓国际规则、能够参与国际事务与国际化竞争的人才，才能在全世界传播中国声音、讲好中国故事，为国家传声立言，让世界更好地感知中国、了解中国、读懂中国。

## 第三节　踔厉奋发　做“两个先行”的奉献者

党的十八大以来，习近平总书记多次点赞新时代的中国青年，在庆祝中国共产党成立100周年大会上讲话时指出：“一百年来，在中国共产党的旗帜下，一代代中国青年把青春奋斗融入党和人民事业，成为实现中华民族伟大复兴的先锋力量。”①新时代的职业院校青年学子，要响应党的号召，胸怀祖国和人民，与“两个先行”同频共振，做奉献者，在服务他人、奉献社会中收获成长和进步，找到青春方向和人生目标。

### 一、笃实力行，赓续浙江精神

具有悠久灿烂历史文化的浙江，素有“鱼米之乡”的美誉，一代又一代的浙江先民“筚路蓝缕，以启山林”，先后创造了河姆渡文化、良渚文化、古越文化，产生了王充、叶适、陈亮、吕祖谦、王阳明、刘宗周、黄宗羲、全祖望等一大批杰出的思想家。

近现代以来，浙江同样人才辈出、星光璀璨，涌现出一大批杰出的人物，他们学贯中西、走在时代前列，如鲁迅、徐志摩、郁达夫等文学家，蔡元培、经亨颐、竺可桢等教育家，沙孟海、丰子恺、潘天寿等书画家；“两院”院士（学部委员）中，浙江籍人士占了近五分之一。这些名人也成为代表浙江的文化标识。

新中国成立70余年来，在中国共产党的领导下，浙江坚持和发展中国特色社会主义，以习近平新时代中国特色社会主义思想为指引，弘扬“红船精神”、浙江精神，敢为天下先，紧紧依靠广大人民群众，靠着求真务实的精神，克服一切艰难险阻，适应商品经济和市场经济，勇闯改革开放大潮，成为中国区域发展的“优等生”。在“八八战略”指引下，浙江实现了从经济大省向经济强省、从对内对外开放向深度融入全球、从“总体小康”向高水平“全面小康”的历史性跃迁，在高质量发展中奋力推进中国特色社会主义共同富裕先行和省域现代化先行。浙江在全国第一个消灭贫困县、贫困乡镇；2005年在全国第一批取消农业税；2015年在全国率先实现绝对贫困人口全面脱贫。

作为浙江的青年学子，要以“强国有我”“强省有我”的主人翁姿态，干在实处，走在前列，勇立潮头。脚踏实地，笃实力行，在全面建成小康社会、开启全面建设社

① 习近平.在庆祝中国共产党成立100周年大会上的讲话[N].人民日报，2021-07-02（2）.

会主义现代化国家新征程中展现本领，贡献才干。

### （一）做浙江精神的传承者

中国共产党能从浙江嘉兴南湖上的悠悠小船发展到如今的巍巍巨轮，靠的就是坚定的理想信念，这是百年大党的青春密码。改革开放以来，浙江实现了从一穷二白到经济大省，从绝对贫困到全面小康，从百废待兴到创新创业的“三个历史性转变”。

浙江义乌从“鸡毛换糖”到如今“中国第一小商品市场”，被誉为“世界超市”，“买全球、卖全球”，出口货物覆盖世界200多个国家和地区。从义乌开出的“义新欧”中欧班列，一年超过300列，几乎每天发出一列。

宁波舟山港官网数据显示，2021年12月，宁波舟山港集装箱吞吐量突破3000万标准箱，成为继上海港、新加坡港之后，世界上第三个迈过“3000万”大关的港口。《今日浙江》报道，2021年3月，在全国596家（个）制造业单项冠军企业（产品）名单中，浙江占据114席，包括示范企业67家、冠军产品47个，总数位居全国第一，其中宁波单项冠军数量在全国所有城市中位居第一。

这些发展成就的取得，离不开浙江人民敢闯、敢拼的劲头，离不开对“求真务实、诚信和谐、开放图强”的浙江精神的传承，他们“敢为人先、诚信经营”，创造出一片属于自己的广阔天地。在浙江发展事业的征途中，还有许许多多类似义乌小商品市场和宁波舟山港这样的生动案例，我们唯有不断学习，发扬先辈的经验和精神，坚定理想信念，悟透其中内涵，才能让浙江发展恒久致远，才能让浙江精神熠熠生辉。

### （二）做浙江精神的引领者

传承浙江精神可以帮助我们在学习和以后的工作中坚定目标，给我们的未来发展指明方向。但更为重要的是如何结合自身实际，践行好“敢为天下先”的精神。

随着我国开始进入新的发展阶段，产业升级和经济结构调整不断加快，中国已进入了第四次工业革命时期。第四次工业革命是以人工智能为主导的新一轮技术革命，从而实现制造业的智能化转型。相较于前三次工业革命，第四次工业革命凭借信息系统和数字技术的指数级扩展，更加具有颠覆性变革的特征。可以说，第四次工业革命和技术革新蕴含着巨大的技术红利和发展契机。从历史上看，工业革命的技术成果吸收运用得好，可以有效地推动共同富裕，促进经济发展和社会进步。

浙江正处于贯彻新发展理念、构建新发展格局、推动高质量发展的关键时期。2020年以来，浙江已经连续三年召开全省制造业高质量发展大会，实施新一轮制造业“腾笼换鸟、凤凰涅槃”攻坚行动，推动制造业稳健增长。《浙江省数字经济发展白皮书（2022年）》显示，自2017年浙江确立实施数字经济“一号工程”以来，经过五年持续推动，2021年浙江省数字经济增加值规模达到3.6万亿元，占地区生产总值比重达48.6%。

“海阔凭鱼跃，天高任鸟飞。”在参与推进浙江制造业高质量发展和发展数字经济的过程中，无论是制造业还是数字经济都将呈现多学科融合、多领域交织、多技术渗透的特点。在继承和践行浙江精神的实践中，职业院校青年学子要有危机意识和前瞻性思维，要清醒地认识到浙江对高素质劳动者和技术技能型人才的迫切需求，在制造强省、质量强省的建设中找准定位。要主动发展成为具备多种知识和技能的复合型人才，把成为卓越匠师、高技能人才作为自己的人生奋斗目标，努力成为志存高远、奋斗自强、品德高尚、追求卓越的新时代好青年，让青春在服务国家和人民的实践中闪耀出最绚丽的光彩。

## ◎ 案例5-7

### 习近平同志讲述“浙江精神”

习近平同志在浙江担任省委书记期间，多次给浙江高校学生作形势政策报告。2006年9月27日，习近平同志在浙江大学紫金港校区小剧场，为在杭高校千余名大学生作了题为《继承文化传统 弘扬浙江精神》的形势政策报告。习近平同志结合群星璀璨的浙江历史文化名人的故事，生动讲述了浙江悠久深厚的文化传统，深刻阐释了融合历史文化、革命文化和现代文化的“浙江精神”，举例分析了浙江人善于“闯”、勇于“试”、敢于“冒”的文化渊源，颂扬了浙江人和美与共的情怀、和衷共济的情志、和悦自适的情操，强调了源远流长的浙江文化是中华文明的重要组成部分。习近平同志勉励同学们继承发扬中华民族优秀的历史文化传统，学习浙江精神、感悟浙江精神、实践浙江精神、弘扬浙江精神，做浙江精神的继承者和创造者，干在实处、走在前列。

本书编写组. 习近平与大学生朋友们[M]. 北京：中国青年出版社，2020：165.

## 二、勇立潮头，创新创业赋能共同富裕先行

2021年5月20日，中共中央、国务院印发《关于支持浙江高质量发展建设共同富裕示范区的意见》，赋予浙江为全国推动共同富裕提供省域范例的重任。共同富裕是指全体人民通过辛勤劳动和相互帮助，普遍达到生活富裕富足、精神自信自强、环境宜居宜业、社会和谐和睦、公共服务普及普惠，实现人的全面发展和社会全面进步，共享改革发展成果和幸福美好生活。

职业教育是面向所有人的教育，“十四五”期间，职业教育在整个教育体系和经济体系中的作用将日益凸显。随着农村地区、民族地区、贫困地区职业教育的支持力度得到加大，不同群体的青年学子都能平等接受职业教育，每个人都有人生出彩的机会。职业教育成为保障民生、改善民生、维护教育公平最重要的教育类型，在推进浙江共同富裕示范区建设中贡献职教力量。

### （一）以创新创业带动共富

浙江要成为高质量发展建设共同富裕示范区，迫切需要一大批优秀的创新创业人才。高等教育是推动共同富裕的关键力量，职业教育可以为经济社会发展提供有力的人才和智力支撑，而其中最关键的是通过鼓励大学生创新创业来带动共同富裕，从而为浙江的经济社会发展发挥引领和助推的作用。

共同富裕需要创新型人才。2006年，张伟斌毕业于宁波职业技术学院市场营销专业，在随后十多年的工作中，他始终扎根磐安大地，带领家乡人民脱贫致富，开发磐安灵江源景区。景区所在的王大坑村2019年户均收入突破20万元，成为乡里的“存款大村”。通过景区开发，村集体每年增收30多万元，有力地带动了村民增收，实现共同致富。因为成绩突出，张伟斌个人先后获磐安县劳动模范、磐安县十大杰出青年、金华市十佳优秀青年、金华市非公有制经济人士新时代优秀社会主义事业建设者以及民建中央脱贫攻坚先进个人等荣誉称号。

创新型人才需要高质量职业教育。衢州职业技术学院建立乡村振兴博士创新站，在职业教育赋能乡村共富方面开展了有益的探索。在专业教师的带领下，同学们利用节假日充分调研对接地方发展需求，结合专业背景及科研方向，为服务衢州市高质量发展建设四省边际共同富裕示范区做了大量的工作。

## 案例5-8

### 创建博士创新站　服务共同富裕示范区建设

衢州职业技术学院马克思主义学院积极贯彻落实学校“俯身贴地、提升能力，服务衢州地方经济”的办学理念，于2021年4月，依托衢州清献文化发展有限责任公司，建立博士创新工作站，精准对接地方需求，服务衢州高质量发展建设四省边际共同富裕示范区工作。

衢州职业技术学院马克思主义学院博士创新站是衢州市第一批博士创新站，由23位师生组成。博士创新站利用节假日充分调研对接地方发展需求，结合师生专业背景及科研工作方向，重点围绕共同富裕和孝廉文化开展了一系列研究工作。

在共同富裕的文化密码研究方面，从乡村共同富裕的文化解码出发，从建设主体、文化特色、产业振兴、治理模式四个层面，将优秀传统文化与乡村振兴、企业发展等结合起来，探索乡村共同富裕的核心要素、治理模式、主要特征、发展趋势，推动中华优秀传统文化服务乡村振兴，建设共同富裕示范区的精神高地。已经编写出版了《〈论语〉与企业治理》专著1部，发表了共同富裕的文化解码调研论文多篇，向衢江区文旅局、衢江区团委等政府机构提供调研报告5份。共同富裕的文化密码研究项目形成的调研报告为区域共同富裕的文化解码提供了科学依据。

在孝廉文化研究方面，以衢州赵抃故里为研究对象，以赵抃清廉事迹为研究载体，深入挖掘清廉文化资源，评估廉政村开发和利用的现实基础，丰富衢州孝廉文化底蕴，推动衢州农村廉政教育基地建设。该项目致力于探索一条与“孝廉文化”相结合的发展之路，打造柯城“清廉之风”新亮点，让游客在移步换景中感受“琴音鹤影”背后的精神力量。在衢州职业技术学院马克思主义学院团队师生的积极推动下，赵抃故里已获省文化古村称号，赵抃祭祀活动获市非遗项目。建站至今，孝廉文化研究项目团队与衢州清献文化发展有限责任公司合作完成《赵抃故里文化礼堂展示文本》《赵抃故里传说20则》《赵抃孝廉文化培训教材》，复制苏轼爱直碑，复勒唐、宋代等10方诗碑（赵公清献精神诗碑），在全市开展了多项赵抃孝廉精神学习活动，具有一定的社会影响力。

衢州职业技术学院供稿

### （二）以创新创业提质共富

共同富裕是社会主义的本质要求，是中国式现代化的重要特征。浙江坚持以人民为中心的发展思想，在高质量发展中促进共同富裕。习近平总书记在全国脱贫攻坚总结表彰大会上指出："在全面建设社会主义现代化国家新征程中，我们必须把促进全体人民共同富裕摆在更加重要的位置，脚踏实地、久久为功，向着这个目标更加积极有为地进行努力，促进人的全面发展和社会全面进步，让广大人民群众获得感、幸福感、安全感更加充实、更有保障、更可持续。"①

浙江加快推进职业教育现代化，让职业教育成为服务区域经济发展、助推共同富裕的动力引擎。苏孝锋是温州职业技术学院建筑工程学院2002届毕业生，也是该校首届毕业生。2007年，他成立了浙江万洋建设有限公司。此后他以犀利的眼光和果断的作风，进一步将企业向制造业方向拓展，专注开发建设"产业集聚、产城融合、资源共享、产融互动"的制造业集聚园区，逐渐形成集投资开发、产业招商、建筑施工和园区运营于一体的园区全产业链体系，协助地方政府加快先进制造业基地建设，推动区域块状特色产业向现代产业集群发展。2019年11月，他还以公司名义向学校捐赠了500万元，在母校设立了"万洋奖学金"。苏孝锋弘扬浙商精神和企业家精神，为中小企业集群服务，助力制造业腾飞，奏响了共同富裕最强音。

## 三、不负时代，争先创优推进省域现代化先行

习近平总书记早在2015年考察浙江时，就要求浙江在提高全面建成小康社会水平上更进一步，在推进改革开放和社会主义现代化建设中更快一步，继续发挥先行和示范作用。浙江省第十五次党代会报告锚定了浙江当下发展所处的历史方位，擘画未来五年浙江"两个先行"的探索方向和路径。浙江的青年学子，在推进省域现代化先行的过程中，对需要应对的挑战、解决的问题，要攻坚克难、率先破题；对需要把握的新机遇、探索的新领域，要敢为人先、敢闯敢试。

### （一）以岗位争先促进省域现代化

实现社会主义现代化是实现中华民族伟大复兴中国梦的必然要求，社会主义现代化先行省是社会主义现代化国家在省域层面的有效展开和生动实践。浙江省第十五次党代会报告明确提出，希望广大青年自觉把个人的理想融入中国梦，努力成为志存高远、奋斗自强、品德高尚、追求卓越的新时代好青年，成为堪当推进共同富裕和现代化大任的先锋力量。

① 习近平.在全国脱贫攻坚总结表彰大会上的讲话[N].人民日报，2021-02-26（2）.

“清澈的爱，只为中国。”习近平总书记在庆祝中国共产主义青年团成立100周年大会上指出，“实现中国梦是一场历史接力赛，当代青年要在实现民族复兴的赛道上奋勇争先”，“用青春的能动力和创造力激荡起民族复兴的澎湃春潮，用青春的智慧和汗水打拼出一个更加美好的中国”。①

## 案例5-9

### 龙游95后女兵操舵万吨航母

24岁的她，手握国产航母舵盘，和山东舰的战友劈波斩浪，勇闯大洋！

在CCTV-7国防军事频道8月5日播出的《军事纪实》——“勇往直前的女驾驶员”中，出现了一名毕业于浙江交通职业学院的女兵——1998年出生的叶蕴韵。蓝天碧海中，看着文静的女孩沉稳地操纵着航母，眼神坚定，动作利落。视频中的一幕幕，让第二次在央视节目中看到女儿英姿的爸爸叶启文和妈妈方荣兰激动不已。

节目中，作为海军山东舰航海部门操舵员的叶蕴韵侃侃而谈。“这里是驾驶室，我是一名有着6年驾龄的汽车驾驶员，也是一名航母操舵兵。我作为国产航母的驾驶员，很多人对我的身份表示羡慕。也有人会问我：你一个女兵能够操纵这万吨巨舰吗？对此，我的回答是，现在科技那么发达，国产航母的事业蓬勃发展，航母的舵轮，甚至比很多汽车的方向盘还要小。但是想要把航母操（纵）稳、操（纵）好，还是要付出很多努力的。”

对于航母驾驶员来说，最难的是驾驶航母与舰载机的配合，任何一点偏差都可能产生难以想象的后果。然而海上的天气不可控，风向会出现突然改变，需要操舵兵快速改变舵角，把航向用最快速度调整完毕，才能保证飞行甲板的风速还是在舰载机需要的范围之内。叶蕴韵凭着认真的态度和过硬的技术，很好地完成了工作任务，保证了舰载机的安全起降。

毛慧娟.龙游95后女兵操舵万吨航母[N].衢州日报，2022-08-10（4）.

回望百年，青春向党。在浙江这个新时代全面展示中国特色社会主义制度优越性的重要窗口书写青春，职业院校青年学子从未懈怠，也始终以饱满的热情投入其中。在保家卫国的蓝天上和碧海间，在新冠疫情防控的第一线，在脱贫攻坚战线的

① 习近平.在庆祝中国共产主义青年团成立100周年大会上的讲话[N].人民日报，2022-05-11（2）.

主战场，在祖国需要青年挺身而出的每一个重要关头，在无数的困难和考验面前，职业院校青年学子要传承和弘扬先辈的革命精神，坚守岗位、奋战一线，用奉献来展现新时代青年的责任与担当。

### （二）以担当作为推进省域现代化

当前，世界正经历百年未有之大变局。新一轮科技革命和产业变革正在重构全球创新版图、重塑全球经济结构。新冠疫情影响广泛深远，贸易保护主义、单边主义上升，世界正在进入动荡变革期。而我国发展仍处于重要战略机遇期。经济发展趋势稳中向好、长期向好，已经如期打赢脱贫攻坚战，如期全面建成小康社会、实现第一个百年奋斗目标，正开启全面建设社会主义现代化国家、向第二个百年奋斗目标进军新征程。

青年人，是时代的风向标，也是国家和民族的未来。长期以来，虽然国家政治社会环境发生变化，但中华文明的根脉从未间断，“君子文化”和“士人文化”始终绵延相传，并由此形成具有高度社会责任感的义利观和经世济民观念。青年一代有理想、有本领、有担当，国家就有前途，民族就有希望。中国梦是历史的、现实的，也是未来的；是我们这一代的，更是青年一代的。

青年人，要勇做走在时代前列的奋进者、开拓者、奉献者。浙江现在正处于高水平全面建设社会主义现代化、高质量发展建设共同富裕示范区新征程中，要完成党中央赋予浙江的光荣使命，必须依靠一代又一代的职业院校青年学子，特别是在攻克“卡脖子”关键核心技术、推动创新驱动高质量发展的过程中，彰显青年一代应有的锐气和担当。

青年人，要在时代的洪流中乘风破浪奋勇前行。建功新时代，就是要坚持与党同心、与人民同行、与时代同步，为党和人民的事业砥砺奋进、永久奋斗。作为新时代职业院校青年学子，要坚定对中国特色社会主义的道路自信、理论自信、制度自信、文化自信，明确中国特色社会主义发展方向，讲好中国故事和浙江故事。这是职业院校青年学子责无旁贷的光荣使命。我们相信，每一位职业院校青年学子，都将不负韶华、不负时代、不负人民，在青春的赛道上奋力奔跑，跑出当代青年的最好成绩！

## ? 思考题

1.结合实际，谈谈职业院校青年学子如何助力数字公益。

2.在乡村振兴战略背景下，美丽乡村建设的实现路径有哪些？

3.结合实际，谈谈职业院校青年学子如何助力生态文明建设先行示范。

4.结合实际，谈谈作为职业院校青年学子，如何为浙江省实现“两个先行”贡献青春力量。

## 拓展阅读

1.郑永年.共同富裕的中国方案[M].杭州：浙江人民出版社，2022.

2.习近平.干在实处 走在前列：推进浙江新发展的思考与实践[M].北京：中共中央党校出版社，2006.

3.习近平.论把握新发展阶段、贯彻新发展理念、构建新发展格局[M].北京：中央文献出版社，2021.

4.本书编写组.习近平与大学生朋友们[M].北京：中国青年出版社，2020.

5.习近平.之江新语[M].杭州：浙江人民出版社，2007.

# 参考文献

[1] 本书编写组.干在实处 勇立潮头：习近平浙江足迹[M].杭州：浙江人民出版社；北京：人民出版社，2022.

[2] 本书编写组.习近平与大学生朋友们[M].北京：中国青年出版社，2020.

[3] 吴锦良，等.浙江社会保障体系建设的实践探索[M].北京：人民出版社，2009.

[4] 习近平.干在实处 走在前列：推进浙江新发展的思考与实践 [M].北京：中共中央党校出版社，2006.

[5] 习近平.习近平谈治国理政：第二卷[M].北京：外文出版社，2017.

[6] 习近平.习近平谈治国理政：第三卷[M].北京：外文出版社，2020.

[7] 习近平.习近平谈治国理政：第四卷[M].北京：外文出版社，2022.

[8] 习近平.习近平谈治国理政：第一卷[M].北京：外文出版社，2018.

[9] 习近平.之江新语[M].杭州：浙江人民出版社，2007.

[10] 中共浙江省委党校.共同富裕浙江先行案例[M].杭州：浙江人民出版社，2022.

[11] 中共浙江省委党校.共同富裕看浙江[M].杭州：浙江人民出版社，2021.

[12] 中央党校采访实录编辑室.习近平的七年知青岁月[M].北京：中共中央党校出版社，2017.

[13] 周华富.2021浙江省县域高质量发展报告[M].北京：中国市场出版社，2021.

# 后　记

《之江匠心》是深入推进习近平新时代中国特色社会主义思想和党的二十大精神进课程进教材的重要成果，主要供全省职业院校学生使用。

为加强对编写工作的统筹指导，我们专门成立了教材编写委员会，编写委员会主任由汤兆武、贾文胜担任。参与编写审校的人员还有（按姓氏笔画排序）：王英飞、付梦婕、苏敏燕、李琳、谷玉辉、汪吾金、宋梅英、陈金玲、易烨、周梦圆、赵远远、赵宝玲、胡嘉苗、娄珺、徐廉欣、翁政魁、凌娟、喻婷婷、程世利、甄佳君等老师。

本教材在编写过程中，得到了浙江省委宣传部、浙江省教育厅以及浙江大学出版社的大力支持，邀请多位专家对教材进行了审核，并提出修改建议。教材部分案例由浙江机电职业技术学院、金华职业技术学院、宁波职业技术学院、温州职业技术学院、杭州职业技术学院、嘉兴职业技术学院、浙江交通职业技术学院、浙江艺术职业学院、浙江经贸职业技术学院、浙江商业职业技术学院、浙江建设职业技术学院、湖州职业技术学院、浙江工业职业技术学院、台州职业技术学院、浙江经济职业技术学院、衢州职业技术学院、杭州科技职业技术学院、湖州安吉职业教育中心学校和台州黄岩区第一职业技术学校等院校提供。浙江大学出版社承担了版式设计和编辑加工等工作。在此，我们对参与教材编写工作的专家、教师和编辑表示诚挚的感谢。

欢迎广大师生对本教材提出宝贵意见。

《之江匠心》编写组

2023年8月

**图书在版编目 CIP 数据**

之江匠心 / 汤兆武，贾文胜主编 ；《之江匠心》编写组编著 . -- 杭州 ： 浙江大学出版社，2023.9（2024.7重印）
ISBN 978-7-308-23586-0

Ⅰ. ①之… Ⅱ. ①汤… ②贾… ③之… Ⅲ. ①职业道德—高等职业教育—教材 Ⅳ. ①B822.9

中国国家版本馆 CIP 数据核字(2023)第 048399 号

**之江匠心**

ZHIJIANG JIANGXIN

汤兆武　贾文胜　主编

《之江匠心》编写组　编著

---

**出 品 人**　褚超孚
**策划编辑**　金更达
**责任编辑**　寿勤文　吴伟伟
**责任校对**　黄梦瑶　张培洁　闻晓虹
**运营编辑**　李嘉慧　吴美红
**责任印制**　范洪法
**美术编辑**　郑心怡　周　灵
**出版发行**　浙江大学出版社
（杭州市天目山路 148 号　邮政编码 310007）
（网址：http：//www.zjupress.com）
**排　　版**　杭州林智广告有限公司
**印　　刷**　杭州杭新印务有限公司
**开　　本**　787mm×1092mm　1/16
**印　　张**　13.75
**字　　数**　268 千
**版 印 次**　2023 年 9 月第 1 版　2024 年 7 月第 3 次印刷
**书　　号**　ISBN 978-7-308-23586-0
**定　　价**　29.80 元

---